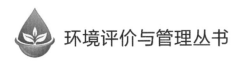

环境评价与管理丛书

地市级战略环境评价与"三线一单"环境管控研究

李王锋　刘　毅　吕春英　等◎著

U0208348

电子工业出版社

Publishing House of Electronics Industry

北京·BEIJING

内 容 简 介

为贯彻落实党的生态文明建设理念,促进经济社会与生态环境协调可持续发展,提高战略和规划环评的实用性和可操作性,原环境保护部先后组织开展了区域战略环评、地市战略环评、"三线一单"编制工作试点和系列纵向课题研究工作。

本书综合了大区域战略环评研究、环境影响评价参与多规合一工作机制研究、城市总体规划环评中落实"三线一单"要求的具体措施、连云港市战略环境评价、连云港市"三线一单"编制技术和应用模式研究等课题研究的主要成果,总结了战略环评、"三线一单"环境管控的理论与方法,回顾了我国战略环评与"三线一单"工作实践,以"连云港市战略环境评价"及"三线一单"试点工作为案例基础,讲述了战略环评中"三线一单"工作的主要内容,包括总体技术框架、生态环境现状评价、生态环境影响预测、"三线一单"环境管控和发展调控策略、战略环评与"三线一单"管理平台等,提出了地市级战略环境评价报告框架和主要图件的建议。

本书主要为战略环评和规划环评、"三线一单"编制、"三线一单"系统平台建设等相关工作提供参考。

图书在版编目(CIP)数据

地市级战略环境评价与"三线一单"环境管控研究 / 李王锋等著. —北京:电子工业出版社,2019.6
(环境评价与管理丛书)
ISBN 978-7-121-36277-4

Ⅰ. ①地… Ⅱ. ①李… Ⅲ. ①战略环境评价—研究—中国 ②区域环境管理—研究—中国
Ⅳ. ①X820.3 ②X321.2

中国版本图书馆 CIP 数据核字(2019)第 064959 号

责任编辑:李 敏
印　　刷:北京盛通商印快线网络科技有限公司
装　　订:北京盛通商印快线网络科技有限公司
出版发行:电子工业出版社
　　　　　北京市海淀区万寿路 173 信箱　邮编 100036
开　　本:720×1 000　1/16　印张:13　字数:208 千字
版　　次:2019 年 6 月第 1 版
印　　次:2022 年 4 月第 3 次印刷
定　　价:99.80 元

前　言

党的十八大以来，生态文明建设纳入中国特色社会主义事业"五位一体"总体布局，大力推进生态文明建设成为我国重大战略决策。党的十九大进一步明确了"建设生态文明是中华民族永续发展的千年大计"，"加快生态文明体制改革，建设美丽中国"。建设生态文明、促进绿色发展、改善生态环境质量成为国家顶层设计和要求，环境保护已从末端治理走向源头保护。环境影响评价是我国目前最重要的预防性环境管理制度和手段，战略环评是我国环境影响评价体系的重要组成部分，是从源头预防环境污染和生态破坏，以及推动绿色发展的重要抓手，是当前决策体制下环境保护参与宏观决策的重要机制。《"十三五"环境影响评价改革实施方案》（环环评〔2016〕95号）中明确，战略环评重在协调区域或跨区域发展中的环境问题，划定红线，为"多规合一"和规划环评提供基础。

我国大区域尺度的战略环评研究起步于2008年环境保护部开始组织的"五大区域重点产业发展战略环境评价"。五大区域战略环境评价堪称"环保教科书"，是在区域发展层面"以环境保护优化经济发展"及探索环境保护新道路的创新性探索。2008—2017年，环境保护部又相继组织了"西部大开发重点区域和行业发展战略环境评价""中部地区发展战略环境评价""京津冀、长三角和珠三角地区战略环境评价""长江经济带战略环境评价"。这些大区域战略环境评价,对于在区域重点产业和城市群发展中深入贯彻生态文明理念和落实环境质量改善的战略思想具有重大的指导意义。为进一步提升战略环境评价的实用性和可操作性,提高战略环评对规划环评、项目环评的指导,加强战略环评在地级市层面对经济社会发展和环境保护的协调作用,2015年环境保护部启动了我国第一批地市级战略环评试点工作,连云港、鄂尔多斯这两个城市成为第一批试点。

习近平总书记在中央政治局第四十一次集体学习时强调,加快构建生态功能保障基线、环境质量安全底线、自然资源利用上线三大红线,全方位、全地域、全过程开展生态环境保护建设,加快构建科学、适度、有序的国土空间布局体系。张高丽副总理在出席国合会2017年年会讲话中强调,持续推进绿色发展,强化"三线一单"硬约束。《"十三五"环境影响评价改革实施方案》(环环评〔2016〕95号),明确,以"三线一单"为手段,强化空间、总量、准入环境管理,划框子、定规则、查落实、强基础。"三线一单"是落实习近平总书记"三大红线"的一项具体工作,"三线一单"围绕改善环境质量这个核心目标。生态保护红线界定保障生态环境安全的"红线"范围,是空间管控的重要基础;环境质量底线和资源利用上线提出基于资源环境承载力的经济社会发展规模,是总量管控的主要依据;生态环境准入清单明确重点区域和领域的环境管控要求,是落实环境准入的绿色标杆。"三线一单"内容相互依托、相互支撑,共同构成了环境管控的框子和规则,是环保参与空间规划体系的重要抓手,也是实现区域绿色发展的重要前提和指引。为了贯彻党的十九大精神,全面落实以习近平同志为核心的党中央关于推进生态文明建设的一系列重大决策部署,加快制定"三线一单"技术指南,2017年环境保护部启动了"三线一单"试点工作，连云港、济南、鄂尔多斯、承德4个城市为第一批"三线一单"试点城市。

连云港市战略环评和"三线一单"试点工作以生态文明理念为引领，以区域生态环境质量改善为核心目标，按照"空间红线优布局、总量红线调结构、环境准入促升级"的总体思路，基于生态保护空间和资源环境承载力，划定"三线一单"，发布了《连云港市生态环境管理底图》《连云港市环境质量底线管理办法（试行）》《连云港市资源利用上线管理办法（试行）》《连云港市基于空间控制单元的环境准入制度及负面清单管理办法（试行）》，开发了"连云港市生态环境大数据综合管理平台"，将"三线一单"与环保日常管理工作紧密结合，集成数据管理与综合分析、智能分析与应用服务等功能，实现了战略环评与"三线一单"工作的落地应用。

本书综合了大区域战略环评研究、环境影响评价参与多规合一工作机制研究、城市总体规划环评中落实"三线一单"要求的具体措施、连云港市战略环境评价、连云港市"三线一单"编制技术和应用模式研究等课题研究的主要成果。全书由李王锋、刘毅负责整体框架设计和内容审核。第1章由刘毅、胡迪执笔，第2章由李王锋、吕春英、谢丹执笔，第3章由李王锋、汪自书、李倩执笔，第4章由李王锋、吕春英执笔，第5章由吕春英、李王锋、常照其执笔，第6、7章由吕春英、王一星、靳明、袁强执笔，第8章由李王锋、吕春英执笔，第9章由刘毅、李王锋、吕春英执笔，第10章由李王锋、何炜琪执笔。

本书在写作过程中得到了生态环境部环境影响评价司、生态环境部环境工程评估中心、江苏省生态环境厅、连云港市政府及生态环境局等有关部门的大力支持，也得到了清华大学战略环境评价研究中心、北京清控人居环境研究院有限公司、交通运输部规划研究院、江苏省环境科学研究院、连云港市环境保护科学研究所、西安绿创电子科技有限公司等多家科研单位及专家团队的热心指导，谨此表示最诚挚的感谢！

在本书研究过程中，国家关于战略环评和"三线一单"相关规范、导则、指南尚未发布，部分内容与国家最新要求可能存在一些偏差，仅代表作者观点，供研究参考使用。由于作者水平不足、时间有限，书中错误、疏漏之处，敬请广大读者给予批评和指正。

作　者

2019 年 3 月

目　录

第一章
战略环境评价理论与方法

战略环境评价是我国环境影响评价体系的重要组成部分，是从源头预防环境污染和生态破坏，以及推动绿色发展的重要抓手。本章主要介绍战略环境评价的概念和实施战略环境评价的意义，梳理战略环境评价的发展历程，并总结战略环境评价的理论基础、相关技术要求、主要工作内容和关键技术方法。

第一节　战略环境评价的内涵

一、战略环境评价的概念

环境影响评价，是指对规划和建设项目实施后可能造成的环境影响进行分析、预测和评估，提出预防或者减轻不良环境影响的对策和措施，并进行跟踪监测的方法与制度。环境影响评价在法律、政策、规划和计划层次的应用称为战略环境评价（简称战略环评），其目的是消除或降低因战略缺陷对未来环境造成的不良影响，从源头上控制环境污染和生态破坏等环境问题的产生。环境影响评价分类如图 1-1 所示。

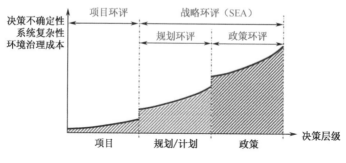

图 1-1 环境影响评价分类

战略环评是一种结构化的、系统的、综合性的过程，用于评价政策、规划等的环境效应，通过评价将结果融入政策、规划等的制定过程中，或者单独提出并将成果体现在决策中，以保障可持续发展战略的实施。战略环评应作为可持续发展决策过程的一部分，而不仅是在线性过程中影响上游政策的手段。战略环评不仅是单一的、固定的方法，也是一系列将环境因素融入政策、规划和计划，并在更高层次、更大范围内认识和解决环境影响问题，分析环境与经济、社会因素的内在联系，评估政策、规划的一致性与环境合理性的手段。

二、战略环境评价的必要性

环境影响评价是我国重要的预防性环境管理制度和手段。当前，我国应坚持人和自然和谐共生之路，应坚定走生产发展、生活富裕、生态良好的文明发展道路。因此，建设生态文明、推动绿色发展、实现生态环境根本好转成为国家顶层战略要求，环境保护已从末端治理走向源头保护。环境影响评价制度从源头预防环境污染和生态破坏，是环境保护主动参与宏观决策、优化社会经济发展的重要途径和手段，是落实生态文明和绿色发展、实现环境质量根本改善的重要抓手。

战略环评是当前决策体制下环境保护参与宏观决策的重要机制。随着社会、经济的不断发展，环境污染从之前的单一污染物超标、局部暂时性污染问题逐渐演变成区域性的、中长期的综合性污染。现有项目环评已无法解决当前的复杂环境问题，于是针对区域性、综合性、长期性环境问题的战略环评逐渐被人们重视。开展战略环评，确保环境问题在决策制定早期与经济、社会因素同等考虑，是避免宏观决策产生重大环境负面影响的重要保障。

开展战略环评是深化环境影响评价改革的具体要求。2014 年新修订的《中华人民共和国环境保护法》第十四条要求："国务院有关部门和省、自治区、直辖市人民政府组织制定经济、技术政策，应当充分考虑对环境的影响，听取有关方面和专家的意见。"《"十三五"环境影响评价改革实施方案》中明确提出，"坚持构建全链条无缝衔接预防体系""推进战略环境评价""强化规划环境影响评价"。战略环评重在协调区域或跨区域发展环境问题，划定红线，为"多规合一"和规划环评提供基础；规划环评重在优化行业的布局、规模、结构，拟定负面清单，指导项目环境准入。

开展地市级战略环评是协调解决区域、跨区域发展环境问题的基础，是推动战略环评落地的重要手段。我国现行的环境管理制度是地方各级人民政府对本行政区域的环境质量负责，以属地管理、部门管理为主（见表 1-1）。地市级作为中观尺度上的管理单元，相对于宏观尺度的区域、流域具有更加明确的战略定位和环境特性，能更好地解决环境问题的复杂性和信息不对称，有利于制定更有针对性、可操作的环境管理策略，推动战略环评成果落地；相对于更微观尺度的区县、园区，其策略性、综合性、整体性更强，能更好地解决环境问题的外部性，协调发展与环境保护的关系，强化战略环评成果的管控力度。

表 1-1 《中华人民共和国环境保护法》规定的各级政府职责

	国 家 级	省 级	地 市 级	县 级
监督管理	编制国家环境保护规划	编制本行政区域的环境保护规划		
	在制定经济、技术政策时,应当充分考虑对环境的影响			
	制定国家环境质量标准和排放标准	制定地方环境质量标准和排放标准		
	制定监测规范,规划国家环境质量监测站(点)的设置,建立监测数据共享机制	对环境状况进行调查、评价,建立环境资源承载能力监测预警机制	对排放污染物的企事业单位和其他生产经营者进行现场检查。对于违法排放污染物的,可以查封、扣押造成污染物排放的设施、设备	
	建立跨行政区域的重点区域、流域环境污染和生态破坏联合防治协调机制	协调解决跨市级的环境污染和生态破坏的防治	协调解决跨县级的环境污染和生态破坏的防治	
	采取财政、税收、价格、政府采购等方面的政策和措施,鼓励和支持环境保护技术装备、资源综合利用和环境服务等环境保护产业的发展			
		实施环境保护目标责任制和考核评价制度,向本级人民代表大会或人民代表大会常务委员会报告环境状况和环境保护目标完成情况		
保护和改善环境		采取有效措施,改善环境质量		
	重点生态功能区、生态环境敏感区和脆弱区等区域划定生态保护红线	对重点区域,采取措施予以保护,严禁破坏		
	加大财政转移支付力度,指导生态保护补偿	落实生态保护补偿资金,确保其用于生态保护补偿		
	加强对大气、水、土壤等的保护,建立和完善相应的调查、监测、评估和修复制度,建立、健全环境与健康监测、调查和风险评估制度	加强对农业环境的保护		提高农村环境保护公共服务水平,推动农村环境综合整治
		组织对生活废弃物的分类处置、回收利用		
	加强对海洋环境的保护			

	国 家 级	省 级	地 市 级	县 级
防治污染和其他公害	促进清洁生产和资源循环利用			
	下达重点污染物排放总量控制指标	分解落实重点污染物排放总量控制指标		
		做好突发环境事件的风险控制、应急准备、应急处置和事后恢复等工作		
		指导农业生产经营者科学种植和养殖,防止农业面源污染,支持农村饮用水水源地保护、生活污水和其他废弃物处理、畜禽养殖和屠宰污染防治、土壤污染防治和农村工矿污染治理等环境保护工作		
				组织农村生活废弃物的处置工作
		统筹城乡建设污水处理设施及配套管网,固体废物的收集、运输和处置等环境卫生设施,危险废物集中处置设施、场所及其他环境保护公共设施,并保障其正常运行		
信息公开和公众参与	依法公开环境信息、完善公众参与程序			
	统一发布国家环境质量、重点污染源监测信息及其他重大环境信息	定期发布《环境状况公报》	依法公开环境质量、环境监测、突发环境事件,以及环境行政许可、行政处罚、排污费的征收和使用情况等信息。将企事业单位和其他生产经营者的环境违法信息记入社会诚信档案,及时向社会公布违法者名单	

■ 三、我国战略环境评价的发展历程

1. 环保相关法规颁布之前:项目环评探索期

自 1979 年《环境保护法(试行)》颁布以来,我国开始了环境保护的探索之路。1973 年,我国首先提出环境影响评价的概念,1979 年《环境保护法(试行)》的颁布则使环境影响评价制度化、法律化。1981 年我

国制定了专门针对环境影响评价的《基本建设项目环境保护管理办法》
[(81)国环字 12 号],对环评的基本内容和程序做了规定。经过修改,
1986 年由国务院环境保护委员会、国家计委、国家经委联合发布了《建
设项目环境保护管理办法》[(86)国环字 003 号],它是建设项目环境保
护管理措施的部门规章,规定了从事对环境有影响的建设项目都必须执
行环境影响评价制度和"三同时"制度,并以此为出发点,对实施这两
项制度的对象、主管部门、各有关部门间的职责分工、审批程序、环境
影响报告书和环境影响报告表、环境影响评价资格审查、环境影响评价
工作收费、项目初步设计中的环境保护篇章、环境保护设施的竣工验收
报告、监督检查等做了具体规定。

2. 1989—2003 年:项目环评发展期

1989 年,第七届全国人民代表大会常务委员会第十一次会议通过了
《环境保护法》,自此我国环境保护之路走上了法治道路。1996 年,《国务
院关于环境保护若干关键问题的决定》(国发〔1996〕31 号文件)要求:
"在制订区域和资源开发、城市发展和行业发展规划,调整产业结构和生
产力布局等经济建设和社会发展重大决策时,必须综合考虑经济、社会
和环境效益,进行环境影响论证。"

1998 年,国务院颁布了《建设项目环境保护管理条例》(国务院令第
253 号),该条例的制定是为了防止建设项目产生新的污染,破坏生态环
境。《建设项目环境保护管理条例》明确了实施建设项目环境影响评价制
度,针对不同程度环境影响的项目实施不同环境影响评价管理办法,并
对项目环境影响报告书中的内容、介入时间、审批等做出规定;还要求:
"流域开发、开发区建设、城市新区建设和旧区改建等区域性开发,在编
制建设规划时,应当进行环境影响评价。"为了加强对建设项目环境影响
评价工作的管理、提高环境影响评价工作质量,1999 年国家环境保护总

局颁布了《建设项目环境影响评价资格证书管理办法》，2003 年国家环境保护总局颁布了《环境影响评价审查专家库管理办法》。

这个阶段主要关注重点区域的、局部的、突出的、已有的环境问题，例如，海河、辽河、滇池及巢湖的地面水质问题，以及直辖市及省会城市、经济特区、沿海开放城市和重点旅游城市的大气环境问题等。环境管控主要依靠"总量控制"，手段单一，并且缺少从源头治理、区域/流域联防联控的思路体系。

3. 2003—2008 年：规划环评发展期

2003 年正式实施的《中华人民共和国环境影响评价法》（以下简称《环评法》），对规划的环境影响评价、建设项目的环境影响评价分别做了规定，并明确了相应的法律责任。自此，环境影响评价被提升到了法律高度，政府规划首次纳入环境影响评价的范畴，从而确立了规划环境影响评价的法律地位，这标志着我国环境与资源立法步入一个新阶段。《环评法》实施后，为指导规划环境影响评价的实施，促进规划环境影响评价的科学化和规范化，我国组织编制颁发了各项配套法规。2003 年《规划环境影响评价技术导则（试行）》出台，随之逐步推出了《开发区区域环境影响评价技术导则》（HJ/T 131—2003）、《环境影响评价技术导则 大气环境》（HJ 2.2—2008）、《环境影响评价技术导则 城市轨道交通》（HJ 453—2008）等相关环境影响评价技术导则，为规划环境影响评价在不同领域的实施提供了技术指导。2004 年国家环境保护总局颁布了《编制环境影响报告书的规划的具体范围（试行）》《编制环境影响篇章或说明的规划的具体范围（试行）》，为规划环境影响评价的评价对象、范围做出了具体说明。

2005 年出台的《国务院关于落实科学发展观加强环境保护的决定》（国发〔2005〕39 号）强调，"必须依照国家规定对各类开发建设规划进行环境影响评价""对环境有重大影响的决策,应当进行环境影响论证",要求各类开发建设规划必须依照国家规定进行环境影响评价,各级环境保护部门负责召集有关部门专家和代表提出开发建设规划环境影响评价的审查意见。这进一步强化了规划环境影响评价在政府决策中的重要地位和作用。

2006 年国家环境保护总局颁布了《环境影响评价公众参与暂行办法》,明确了公众参与专项规划环境评价的权利、具体范围、程序;规定了土地利用的有关规划,区域、流域、海域的建设、开发利用规划的编制机关,在组织进行规划环境影响评价的过程中,可以参照本办法征求公众意见。2007 年国家环境保护总局发布《环境信息公开办法(试行)》,明确了环境信息公开的主体,详细规定了环境信息公开的范围和方式,建立了相应的考核制度和问责制度,在环境保护领域提升了公众参与的程度。2008 年环境保护部制定了《环境保护部机关"三定"实施方案》(以下简称《实施方案》),明确将规划环境影响评价列入职责范围,规定对重大经济和技术政策、发展规划及重大经济开发计划进行环境影响评价。其中,《实施方案》提到的对政策开展战略环评的要求,是对环评制度的一种突破和尝试。

这个阶段的环境影响评价工作已经不再局限于具体的建设项目,而是将评价对象逐渐向区域、行业甚至重大计划与政策过渡;通过对某一区域、行业的全面梳理,分析其现状特征及历史趋势,进而把握未来发展脉络,评价其环境影响,避免了某一区域、行业部署的重大缺陷造成的环境不良影响。本阶段环境影响评价工作从源头上控制了环境污染与生态破坏等环境问题的产生,确保环境问题在决策制定早期与经济、社会因素同等考虑,避免了宏观决策产生重大环境失误;同时,作为持续决策过程的一部分,在不确定性、模糊性条件下,促使决策制定和实施更可持续。

4.2009 年至今：战略环评与"三线一单"探索期

2009 年《规划环境影响评价条例》（以下简称《条例》）发布实施，在《环评法》的基础上，进一步完善了规划环境影响评价程序，明确了实施主体，落实了相关方的责任和权力。《条例》将区域、流域和海域生态系统整体影响作为规划环境影响评价的着力点，将经济效益、社会效益与环境效益的统筹作为推进规划环境影响评价的关键点。为规划层面的战略环评提供了具有可操作性的法律依据，为环境决策融入政府宏观决策提供了制度保障。这对提高政府宏观决策的科学性及推动战略环评的发展具有举足轻重的意义。

2009 年，环境保护部先后发布了《规划环境影响评价技术导则 林业规划（征求意见稿）》《规划环境影响评价技术导则 土地利用总体规划（征求意见稿）》《规划环境影响评价技术导则 城市总体规划（征求意见稿）》，规划环境影响评价涉及的范围更加全面，所依赖的条款制度也更加完善。环境保护部之后相继又发布了针对港口总体规划、产业园区规划、河流水电规划、公路水路交通运输规划及水利规划的环境影响评价指导文件。

2014 年中华人民共和国第十二届全国人民代表大会常务委员会第八次会议通过了《中华人民共和国环境保护法（修订）》（简称《新环保法》）。第十四条规定，"国务院有关部门和省、自治区、直辖市人民政府组织制定经济、技术政策，应当充分考虑对环境的影响，听取有关方面和专家的意见。"第十九条规定，"编制有关开发利用规划，建设对环境有影响的项目，应当依法进行环境影响评价。未依法进行环境影响评价的开发利用规划，不得组织实施；未依法进行环境影响评价的建设项目，不得开工建设。"2014 年，环境保护部颁布了正式的《规划环境影响评价技术导则 总纲》，对规划环境影响评价的编制方法做了进一步说明。2015 年环境保护部颁布了《环境保护公众参与办法》，对环境保护公众参与做出了专门规定,对立法目的和依据、适用范围、参与原则、参与方式及各方主体权力、义务和责任,以及相关配套措施进行了规定,进一步明确和突出了公众参与在环境保护工作中的作用。

2016 年试行发布的《关于规划环境影响评价加强空间管制、总量管控和环境准入的指导意见(试行)》(环办环评〔2016〕14 号),对规划环境影响评价加强空间管制、总量管控和环境准入提出了相应的指导意见。2016 年环境保护部印发了《"十三五"环境影响评价改革实施方案》,提出以"生态保护红线、环境质量底线、资源利用上线和环境准入负面清单"为手段,强化空间、总量、准入环境管理,划框子、定规则、查落实、强基础,不断改进和完善依法、科学、公开、廉洁、高效的环境影响评价管理体系。为适应以改善环境质量为核心的环境管理要求,切实加强环境影响评价管理,2016 年 10 月环境保护部发布了《关于以改善环境质量为核心加强环境影响评价管理的通知》(环环评〔2016〕150 号)。

这个阶段我国战略环评工作已经步入实践阶段,相继开展了五大区、西部大开发、中部崛起及三大地区等相当规模的战略环评工作。战略环评已经在重大计划编制过程中发挥了作用,旨在将环境和可持续发展因素纳入战略决策的过程,对充分发挥环境影响评价从源头预防环境污染和生态破坏的作用,以及推动实现"十三五"绿色发展和改善生态环境质量总体目标具有重大意义。为了使战略环评与战略决策更加有效融合,未来我国还将在战略环评的实施保障机制方面做进一步探索。我国战略环境评价发展历程如图 1-2 所示。

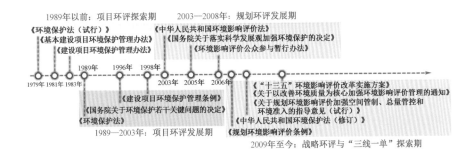

图 1-2　我国战略环境评价发展历程

第二节　战略环境评价的理论基础

一、复杂系统理论

复杂系统理论（Complex System Theory）是复杂性科学（Complex Science）的子领域。与该理论相对的是一般系统理论（General System Theory），它最早起源于洛伦兹（Lorenz）基于混沌理论对于天气预报的研究，庞加莱（Poincare）于 20 世纪 90 年代将洛伦兹相关的思想进一步应用于三体问题。复杂系统理论认为，系统由很多异质子系统或自主的主体构成，系统内部存在动态性、无序性及多层次的耦合、互动（如反馈、学习、适应等）；同时，微观主体的活动与系统宏观功能或特征之间会产生协同影响。复杂系统以不同形式、不同状态、不同规模广泛存在于生物学（细胞—生物个体）、生态学（生物个体—生态系统）、地理学（土地覆盖类型—景观系统）、社会学（居民—社区）、管理学（车辆—城市交通系统）及经济学（股民—股市）等研究领域。近年来，探索理解复杂系统，特别是复杂适应系统（Complex Adaptive System，CAS）的研究越来越多。

认识复杂系统的方法包括实验观测、理论解释、动态模拟等。实验观测能够直接表现不同层级间的非线性作用效果。理论解释有助于认识系统复杂性的存在，同时梳理复杂系统的多重上下级关系。但是，认识复杂系统的关键还在于如何对其进行动态模拟，即如何表达微观主体活动及其对系统宏观层面的影响。动态模拟具体包括：①充分认识并度量系统的复杂程度，在此基础上对微观主体的行为进行表达；②通过计算模拟再现系统过去某一时段的结构格局或重现某一时段的动态过程；③对模型参数化过程进行敏感性分析与不确定性分析，并进行模型校正与验证；④在充分、合理解释系统复杂性的基础上，通过模拟微观主体行为，并考虑其与系统控制要求的协同，对系统的未来格局或变化过程进行估计；⑤整个过程遵循一般性、可比较性、可重复性等原则，以减少估计误差。

战略环评面对的问题不是一个不变的、刚性的、简单的自上而下或自下而上的方法能够解决的。部分研究提出，表征复杂系统的方法不是"万用药"，需要将其视为降低复杂性并引导研究向有益方向发展的系统范式。在众多研究方法和模型中，系统分析的思想得到了普遍应用。系统分析可以理解为对研究对象进行有目的、有步骤探索的过程，通过分解、综合等反复协调，寻求满足系统目标的最佳方案。

系统分析是用于解决复杂问题的理论和方法，其对复杂问题进行全面的、互相联系的、发展的研究。系统分析的目标是追求系统的整体最优。系统分析的对象主要是大系统。大系统的物质流、能量流和信息流的量都很大，关系很复杂，因此数学模型的建立和求解的工作量也很大。利用计算机辅助系统分析是现代系统分析的主要特征之一。

作为一门学科，系统分析开创于 20 世纪 40—50 年代。20 世纪 40

年代初，美国电话电信公司（贝尔）正式启用"系统工程"一词，系统科学在规划、设计、生产和管理领域得到飞速发展。1947 年，奥地利生物学家贝塔朗菲创立了普通系统论。贝塔朗菲认为，把孤立的各组成部分的活动方式简单相加，不能说明高一级水平的活动性质和活动方式。如果了解各组成部分之间存在的全部联系，那么高一级水平的活动就能够由各组成部分推导出来。为了认识事物的整体性，不仅要了解它的组成部分，还要了解各组成部分之间的关系。传统学科只重分解，而忽视综合；重视研究孤立事物的特征，而轻视各具体事物之间的联系，影响了对事物整体性的认识。贝塔朗菲指出，普通系统论属于逻辑学和数学领域，它的任务是确立适用于各种系统的一般原则，不能局限在技术范畴，也不能将其当作一种数学理论看待。普通系统论的研究领域十分广阔，几乎包括一切与系统有关的学科，如管理学、运筹学、信息论、控制论、哲学、行为科学、经济学、工程学等，它给各门学科带来新的研究动力和新的方法，沟通了自然科学与社会科学、技术科学与人文科学之间的联系，促进了现代科学技术的发展。

■ 二、环境系统分析理论

环境问题的全局性、复杂性、综合性等特点，为系统分析方法的应用提供了广阔的领域。世界上很多著名的污染防治工程研究和实施都应用了系统分析方法。

1959—1962 年，美国在特拉华河口的污染控制规划研究中全面应用了水环境质量模型、决策方案的多目标分析和综合决策方法。这可以被认为是系统分析在环境保护领域应用的开端。1972 年，美国人瑞奇首次以《环境系统工程》（*Environment System Engineering*）为名出版专著，阐述了环境工程过程及其与环境之间的关系。1977 年，日本学者高松武一郎发表同名专著（日文版），运用化工过程系统工程的研究成果阐述环境系统的规划、治理等问题。另外，此时期还出现了很多运用运筹学、决策学解决环境问题的论著和文章，极大地推动了环境系统分析的发展。

系统分析思想在我国很早就得到了应用，但是对现代系统科学理论和方法的研究开始于 20 世纪 80 年代。1980 年，在北京市东南郊环境质量评价研究中，研究人员首次应用了水质数学模拟技术，其后在全国各地开展了区域环境影响评价研究，广泛应用了数学模型和决策分析技术。1985 年，清华大学出版社出版了《水污染控制系统规划》一书，运用系统分析的思想和方法，阐述了水污染控制系统的模型化和最优化问题；同年，南京大学出版社出版了《环境系统工程概论》一书，广泛讨论了系统论在环境保护领域的应用问题。1987 年，烃加工出版社（现石油化工出版社）出版了专著《环境系统工程概论》，探讨了环境系统的建模与优化。1990 年，高等教育出版社出版了《环境系统分析》，全面、系统地论述了环境系统的模型化和最优化，以及环境决策的方法和过程。在过去几十年间，我国政府在几个五年规划中都安排了一定数量的区域性环境研究项目，它们的实施对环境系统分析在我国的实践和发展起到了很大的促进作用。

当前，工业化和城市化带来的环境问题日益凸显，空气污染、水体污染、生态破坏威胁着人类社会的持续发展。环境问题已经不是局部的、暂时的问题，而是全局的、持久的问题。因此，系统分析在解决这些问题时具有明显的优势，研究环境系统内部各组成部分之间的对立、统一关系，寻求最佳的环境污染防治体系，建设健康、协调的生态系统；研究环境保护与经济发展之间的对立、统一关系，寻求经济与环境协调发展的途径，是环境系统分析工作的两大主要任务。

■三、区域战略环评共轭梯度理论

针对区域发展宏观战略（政策、规划）的模糊性，以及其实施过程的不确定性，我国以社会经济—环境复杂系统分析和调控为核心，提出了区域战略环境评价共轭梯度理论，明确了战略环评的一般性概念框架、评估重点和评价原则。

如图 1-3 所示，区域战略环评共轭梯度理的主要内容包括：以区域和行业为评价对象，围绕重点产业发展的规模、结构、布局三大核心问题，针对区域发展宏观战略（政策、规划）的模糊性及其实施过程的不确定性，系统模拟和评估在社会经济复杂系统驱动下，环境系统可能的变化响应，以及各种潜在环境影响的传递和累积；以生态环境安全为底线，识别可接受的环境影响底线和生态风险阈值，以此为约束目标研究产业系统结构调整和布局优化的调控方案，促进产业发展由粗放式增长、无序扩张向集约化发展、有序布局的转变，面向影响减缓和风险规避，并综合考虑经济可持续性和社会稳定性，提出科学决策和建议。

■四、区域产业系统影响识别框架

以产业规模、产业结构、产业布局三个基本要素构成评价对象的产业三角形，以资源效率、工程技术、土地利用三个维度构成的影响因素三角形，以资源承载力、环境容量、生态空间构成的约束三角形，共同构建了区域产业系统影响识别的三角形评估框架（见图 1-4）。框架明确了"产业布局—土地利用格局—生态空间约束""产业结构—工程技术—环境容量约束""产业规模—资源效率—资源承载力约束"三个产业系统评价的重点，以及空间准入、效率准入、环境准入三项产业环境监管要求，建立了产业经济与资源环境耦合关系研究的基本方法和路径。

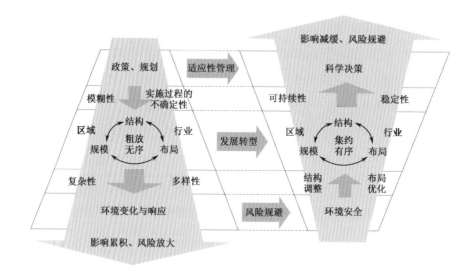

图 1-3　区域战略环境评价的共轭梯度理论

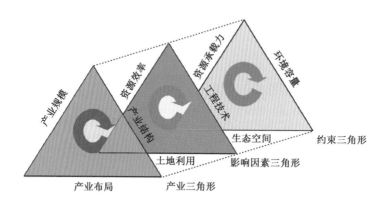

图 1-4　区域产业系统影响识别的三角形评估框架

第三节 战略环境评价的内容与方法

一、相关技术要求

自 2003 年《中华人民共和国环境影响评价法》正式实施以来，环境
影响评价已成为我国最重要的预防性环境管理制度和手段。随着战略环
评地位的逐步提升，我国出台了多项相关的法律法规、技术导则和管理
文件等，对战略环评及规划环评的定位、适用范围、主要内容、技术方
法等提出了要求（见图 1-5）。

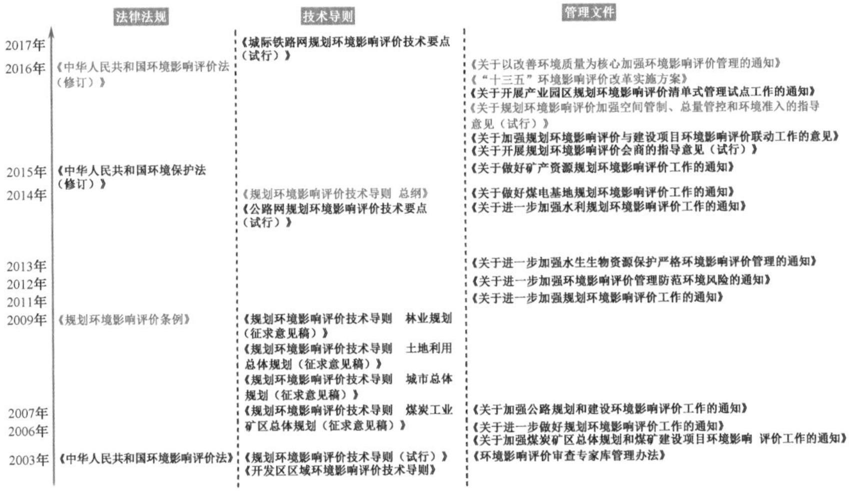

	法律法规	技术导则	管理文件
2017年		《城际铁路网规划环境影响评价技术要点（试行）》	
2016年	《中华人民共和国环境影响评价法（修订）》		《关于以改善环境质量为核心加强环境影响评价管理的通知》 《"十三五"环境影响评价改革实施方案》 《关于开展产业园区规划环境影响评价清单式管理试点工作的通知》 《关于规划环境影响评价加强空间管制、总量管控和环境准入的指导意见（试行）》 《关于加强规划环境影响评价与建设项目环境影响评价联动工作的意见》 《关于开展规划环境影响评价会商的指导意见（试行）》 《关于做好矿产资源规划环境影响评价工作的通知》
2015年	《中华人民共和国环境保护法（修订）》	《规划环境影响评价技术导则 总纲》 《公路网规划环境影响评价技术要点（试行）》	《关于做好煤电基地规划环境影响评价工作的通知》 《关于进一步加强水利规划环境影响评价工作的通知》
2014年			
2013年			《关于进一步加强水生生物资源保护严格环境影响评价管理的通知》
2012年			《关于进一步加强环境影响评价管理防范环境风险的通知》
2011年			《关于进一步加强规划环境影响评价工作的通知》
2009年	《规划环境影响评价条例》	《规划环境影响评价技术导则 林业规划（征求意见稿）》 《规划环境影响评价技术导则 土地利用总体规划（征求意见稿）》 《规划环境影响评价技术导则 城市总体规划（征求意见稿）》	
2007年		《规划环境影响评价技术导则 煤炭工业矿区总体规划（征求意见稿）》	《关于加强公路规划和建设环境影响评价工作的通知》
2006年			《关于做好规划环境影响评价工作的通知》 《关于加强煤炭矿区总体规划和煤矿建设项目环境影响评价工作的通知》
2003年	《中华人民共和国环境影响评价法》	《规划环境影响评价技术导则（试行）》 《开发区区域环境影响评价技术导则》	《环境影响评价审查专家库管理办法》

图 1-5 战略环境评价相关要求文件

1. 法律法规

1)《中华人民共和国环境影响评价法》

《中华人民共和国环境影响评价法》（以下简称《环评法》）规定，"国务院有关部门、设区的市级以上地方人民政府及其有关部门，对其组织编制的土地利用的有关规划，区域、流域、海域的建设、开发利用规划，应当在规划编制过程中组织进行环境影响评价，编写该规划有关环境影响的篇章或者说明。规划有关环境影响的篇章或者说明，应当对规划实施后可能造成的环境影响做出分析、预测和评估，提出预防或者减轻不良环境影响的对策和措施，作为规划草案的组成部分一并报送规划审批机关。"《环评法》还规定："国务院有关部门、设区的市级以上地方人民政府及其有关部门，对其组织编制的工业、农业、畜牧业、林业、能源、水利、交通、城市建设、旅游、自然资源开发的有关专项规划，应当在该专项规划草案上报审批前，组织进行环境影响评价，并向审批该专项规划的机关提出环境影响报告书""专项规划的环境影响报告书应当包括以下内容：（一）实施该规划对环境可能造成影响的分析、预测和评估；（二）预防或者减轻不良环境影响的对策和措施；（三）环境影响评价的结论。"

2)《规划环境影响评价条例》

《规划环境影响评价条例》（以下简称《条例》）规定，"对规划进行环境影响评价，应当分析、预测和评估以下内容：（一）规划实施可能对相关区域、流域、海域生态系统产生的整体影响；（二）规划实施可能对环境和人群健康产生的长远影响；（三）规划实施的经济效益、社会效益与环境效益之间，以及当前利益与长远利益之间的关系。"《条例》还规定，"编制综合性规划，应当根据规划实施后可能对环境造成的影响，编写环境影响篇章或者说明。"其中，"环境影响篇章或者说明应当包括下列内容：（一）规划实施对环境可能造成影响的分析、预测和评估，主要包括资源环境承载能力分析、不良环境影响的分析和预测及与相关规划的环境协调性分析；（二）预防或者减轻不良环境影响的对策和措施，主要包括预防或者减轻不良环境影响的政策、管理或者技术等措施。环境影响报告书除包括上述内容外，还应当包括环境影响评价结论，主要包括规划草案的环境合理性和可行性，预防或者减轻不良环境影响的对策和措施的合理性和有效性，以及规划草案的调整建议。"

2. 技术导则——《规划环境影响评价技术导则 总纲》（HJ 130—2014）

《规划环境影响评价技术导则 总纲》（HJ130—2014）对规划环境影响评价的一般性原则、内容、工作程序、方法和要求做出相关规定。规划环评的目的是通过评价提供规划决策所需的资源与环境信息，识别制约规划实施的主要资源（如土地资源、水资源、能源、矿产资源、旅游资源、生物资源、景观资源、海洋资源等）和环境要素（如水环境、大气环境、土壤环境、海洋环境、声环境、生态环境等），确定环境目标，构建环境影响评价指标体系，分析、预测与评价规划实施可能对区域、流域、海域生态系统产生的整体影响，对环境和人群健康产生的长远影响，论证规划方案的环境合理性和对可持续发展的影响，论证规划实施后环境目标和指标的可达性，形成规划优化调整建议，提出环境保护对策、措施和跟踪评价方案，协调规划实施的经济效益、社会效益与环境效益，以及当前利益与长远利益的关系，为规划和环境管理提供决策依据。

规划环境评价的主要内容应包括规划分析、现状调查与评价、环境影响识别与评价指标体系构建、环境影响预测与评价、规划方案综合论证和优化调整建议、环境影响减缓对策和措施、环境影响跟踪评价、公众参与和评价结论。

3. 管理文件

1)《关于以改善环境质量为核心加强环境影响评价管理的通知》

《关于以改善环境质量为核心加强环境影响评价管理的通知》（以下简称《通知》）发布的目的是适应以改善环境质量为核心的环境管理要求，切实加强环境影响评价管理，落实"生态保护红线、环境质量底线、资源利用上线和环境准入负面清单"约束，建立项目环评审批与规划环评、现有项目环境管理、区域环境质量联动机制，更好地发挥环评制度从源头防范环境污染和生态破坏的作用，加快推进改善环境质量。《通知》提出，"规划环评要探索清单式管理,在结论和审查意见中明确'三线一单'相关管控要求,并推动将管控要求纳入规划。"《通知》重点强化"三线一单"的约束作用。

（1）生态保护红线是生态空间范围内具有特殊、重要生态功能必须实施强制性严格保护的区域。

相关规划环评应将生态空间管控作为重要内容，规划区域涉及生态保护红线的，在规划环评结论和审查意见中应落实生态保护红线的管理要求，提出相应对策措施。除受自然条件限制、确实无法避让的铁路、公路、航道、防洪管道、干渠、通信线路、输变电站等重要基础设施项目外，在生态保护红线范围内，应严控各类开发建设活动，依法不予审批新建工业项目和矿产开发项目的环评文件。

（2）环境质量底线是国家和地方设置的大气、水和土壤环境质量目标，也是改善环境质量的基准线。

有关规划环评应落实区域环境质量目标管理要求，提出区域或行业污染物排放总量管控建议，以及优化区域或行业发展布局、结构和规模的对策措施。项目环评应对照区域环境质量目标，深入分析预测项目建设对环境质量的影响，强化污染防治措施和污染物排放控制要求。

（3）资源是环境的载体，资源利用上线是各地区能源、水、土地等资源消耗不得突破的"天花板"。

相关规划环评应依据有关资源利用上线，对规划实施及规划内项目的资源开发利用，区分不同行业，从能源、资源开发等量或减量替代、开采方式和规模控制、利用效率和保护措施等方面提出建议，为规划编制和审批决策提供重要依据。

（4）环境准入负面清单是基于生态保护红线、环境质量底线和资源利用上线，以清单方式列出的禁止、限制等差别化环境准入条件和要求。

要在规划环评清单式管理试点的基础上，从布局选址、资源利用效率、资源配置方式等方面入手，制定环境准入负面清单，充分发挥环境准入负面清单对产业发展和项目准入的指导和约束作用。

2)《"十三五"环境影响评价改革实施方案》

根据《"十三五"环境影响评价改革实施方案》，"十三五"环境影响评价工作的总体思路应以改善环境质量为核心，以全面提高环境影响评价有效性为主线，以创新体制机制为动力，以"三线一单"为手段，强化空间、总量、准入环境管理，划框子、定规则、查落实、强基础，不断改进和完善依法、科学、公开、廉洁、高效的环境影响评价管理体系。

要明确战略环境评价、规划环境影响评价、项目环境影响评价的定位、功能、相互关系和工作机制。战略环境评价重在协调区域或跨区域发展环境问题，划定红线，为"多规合一"和规划环境影响评价提供基础。规划环境影响评价重在优化行业布局、规模、结构，拟定负面清单，指导项目环境准入。项目环境影响评价重在落实环境质量目标管理要求，优化环保措施，强化环境风险防控，做好与排污许可的衔接。

（1）推进战略环境评价。

深入开展战略环境评价工作，制定落实"三线一单"的技术规范。

强化战略环境评价应用，健全成果应用落实机制，将生态保护红线作为空间管制要求，将环境质量底线和资源利用上线作为容量管控和环境准入要求，各级环境保护部门在编制有关区域和流域生态环境保护规划时，应充分吸收战略环境评价成果，强化生态空间保护，优化产业布局、规模、结构。开展政策环境评价试点，完成新型城镇化、发展转型等重大政策环境评价试点研究，初步建立以政策制定机关为主体、有关方面和专家充分参与的政策环境评价机制及技术框架体系。

（2）强化规划环境影响评价。

强化规划环境影响评价的约束和指导作用，不断强化"三线一单"在优布局、控规模、调结构、促转型中的作用，以及对项目环境准入的强制约束作用。健全与国家发展改革委、工业和信息化部、自然资源部、住房和城乡建设部、交通运输部、水利部等部门协同推进规划环境影响评价机制。推行规划环境影响评价清单式管理，根据改善环境质量目标，制定空间开发规划的生态空间清单和限制开发区域的用途管制清单，制定产业开发规划的产业、工艺环境准入清单，实现重点产业园区规划环境影响评价全覆盖，强化清单式管理。

3)《关于规划环境影响评价加强空间管制、总量管控和环境准入的指导意见（试行)》

《关于规划环境影响评价加强空间管制、总量管控和环境准入的指导意见（试行)》要求，规划环境影响评价应充分发挥规划环境影响评价优化空间开发布局、推进区域（流域）环境质量改善及推动产业转型升级的作用，并在执行相关技术导则和技术规范的基础上，将空间管制、总量管控和环境准入作为规划环境影响评价成果的重要内容；加强空间、总量、环境准入管控，并将空间管制、总量管控和环境准入管控成果充分融入规划编制、决策和实施的全过程，切实发挥优化规划目标定位、功能分区、产业布局、开发规模和结构的作用，推进区域（流域）环境质量改善，维护生态安全。

（1）强化空间管制，优化空间开发格局。

规划环境影响评价应结合区域特征，从维护生态系统完整性的角度，识别并确定需要严格保护的生态空间，作为区域空间开发的底线，并据此优化相关生产空间和生活空间布局，强化开发边界管制。当生产空间、生活空间与生态空间发生冲突时，按照"优先保障生态空间，合理安排生活空间，集约利用生产空间"的原则，对规划空间布局提出优化调整意见，以保障生态空间性质不转换、面积不减少、功能不降低。

应在生态空间明确的基础上，结合环境质量目标及环境风险防范要求，对规划提出的生产空间、生活空间布局的环境合理性进行论证；基于环境影响的范围和程度，对生产空间和生活空间布局提出优化调整建议，避免或减缓生产活动对人居环境和人群健康的不利影响。

应在全面分析区域生态重要性和生态敏感性空间分布规律的基础上，结合区域经济发展规划、土地利用规划、城乡规划、生态环境保护规划等综合确定生态空间，并与全国和省级主体功能区规划、生态功能区规划、水生态环境功能区规划、生物多样性保护优先区域保护规划、自然保护区发展规划等相协调。生态空间应包括重点生态功能区、生态敏感区、生态脆弱区、生物多样性保护优先区和自然保护区等法定禁止的开发区域，以及其他对于维持生态系统结构和功能具有重要意义的区域。

已经划定生态保护红线的规划区域，应将生态保护红线区作为生态空间的核心部分。同时，应根据规划特点、区域生态敏感性和环境保护要求，将其他需要重点保护的区域一并纳入生态空间。尚未划定生态保护红线的规划区域，要提出禁止开发和重点保护的生态空间，为划定生态保护红线提供参考依据。

规划环境影响评价的空间管制成果应包括：生态空间分布图和优化

后的生活空间、生产空间分布图，生产空间、生活空间、生态空间及其组成区块开发管制总图，其他必要的支撑性图件。有关图件应配套编制空间区块说明表，详细说明各空间区块的地理位置、面积、现状、保护对象、准入要求和管制措施等。

（2）严格总量管控，推进环境质量改善。

根据规划区域及其上下游、下风向等周边地区的环境质量现状和目标，考虑气象条件、水文条件等相关因素，按照最不利条件分析并预留一定的安全余量，提出区域（流域）污染物排放总量控制上限建议，作为区域（流域）污染物排放总量管控限值。综合分析环境质量改善目标、排放现状、减排成本和技术可行性，确定区域（流域）污染物排放总量削减的阶段性目标。

根据国家、地方环境质量改善目标及相关行业污染控制要求，结合目前环境污染特征和突出环境问题，确定纳入排放总量管控的主要污染物。主要污染物一般应包括：化学需氧量、氨氮、总磷/磷酸盐等水污染因子，二氧化硫、氮氧化物、挥发性有机物、烟粉尘等大气污染因子，以及其他与区域突出环境问题密切相关的主要特征污染因子。

针对重点控制污染物，逐一估算每个区域（流域）控制单元内各项污染物的总量管控限值。根据流域特征、水文情势、水质监测和断面设置等划定适当的水体控制单元；水体控制单元应与已有水（环境）功能区、水生态环境功能区相衔接。根据区域大气传输扩散条件、自然地形、土地利用和地表覆盖等划定适当的大气污染控制单元。估算污染物排放总量管控限值，应综合考虑污染源排放强度和特征、最不利排放位置、污染治理设施运行状况，以及环境监测水平、污染物排放监管能力等；还应选择较小的时间尺度开展估算，有条件的可以天为单位提出污染物排放总量管控限值。

综合考虑污染物排放量、排放强度、特征污染物及规划主导产业等，确定区域内纳入总量管控的重点行业。基于行业生产工艺水平、污染控制技术水平及技术进步、污染控制成本等，筛选最佳适用技术（BAT），分析和测算重点行业的减排潜力。根据重点行业污染物排放基数、减排潜力和技术水平等因素，提出该行业的污染物排放总量管控要求。

当区域环境质量现状超标或重点行业污染物排放量已超过总量管控要求时，应根据环境质量改善目标，提出区域或者行业污染物减排任务，推动制定污染物减排方案，以及加快淘汰落后产能、促进产业结构调整、提升技术工艺、加强节能节水控污等措施。必要时，可提出暂缓区域内新增相关污染物排放项目建设等建议，控制行业发展规模，推动环境质量改善。

对于区域（流域）内的产业发展，在满足环境质量目标的前提下，可以赋予地方在具体建设项目污染物排放总量分配上的主动权。在提高产业技术水平、清洁生产水平、区域污染治理水平的背景下，产业发展规模可以在污染物排放总量不突破规定标准的条件下适当扩大。

当规划区域环境目标、产业结构和生产力布局及水文、气象条件等发生重大变化时，应动态调整区域行业污染物总量管控要求，结合规划和规划环境影响评价的修编或者跟踪评价，对区域能够承载的污染物排放总量重新进行估算，不断完善相关总量管控要求。

（3）明确环境准入，推动产业转型升级。

在综合考虑规划空间管制要求、环境质量现状和目标等因素的基础上，论证区域产业发展定位的环境合理性，提出环境准入负面清单和差别化环境准入条件，发挥对规划编制、产业发展和建设项目环境准入的指导作用。

根据区域资源承载力和生态环境保护要求，选取单位面积（单位产值）的水耗、能耗、污染物排放量、环境风险等一项或多项指标，作为制定规划区域行业环境准入负面清单的否定性指标并确定其限值。如果规划拟发展的行业不满足上述指标要求,应将其直接列入环境准入负面清单,禁止规划建设。

建立包括环境影响、资源消耗强度、土地利用效率、经济社会贡献等指标在内的评价指标体系,对重点行业进行综合评价。对于规划区域内资源环境影响突出、经济社会贡献偏小的行业,原则上应列入禁止准入类。限制准入类行业应进一步结合区域环境保护目标和要求、资源环境承载能力、产业现状等确定。

根据环境保护政策规划、总量管控要求、清洁生产标准等,明确应限制或禁止的生产工艺或产品清单。通过列表的方式,提出规划范围内禁止准入及限制准入的行业清单、工艺清单、产品清单等环境准入负面清单,并说明清单制定的主要依据、标准和参考指标。

当区域(流域)环境质量现状超标时,应在推动落实污染物减排方案的同时,根据环境质量改善目标,针对超标因子涉及的行业、工艺、产品等,提出更加严格的环境准入要求。

二、主要工作内容

战略环评通过系统梳理评价区域内社会经济与生态环境发展的功能定位和战略目标,研究分析两者之间的适宜性;深入分析区域内社会经济、主要产业和城镇化发展特征,辨识生态环境演变趋势及其与社会经济发展的相关性;客观分析潜在的经济增长空间,以及生态资源开发和环境容量利用的潜力,研究比较其总量、时序及空间格局的一致性;在充分考虑战略性资源优势转化、生产力布局现实条件和地方发展意愿的基础上,深入论证资源利用、环境可承载的社会经济发展路径,着力推进绿色发展、循环发展、低碳发展;研究提出资源节约、环境友好的新型发展方向及发展调控对策，形成节约资源和保护环境的国土空间开发格局、产业结构和生产方式，为促进区域发展方式的根本性转变提供决策支撑（见图1-6）。

图1-6　以环境优化发展为导向的战略环评思路

1. 战略分析

战略分析就是对战略本身进行系统剖析，分析的焦点是可持续发展问题、产业政策符合性问题、资源利用与环境承载力问题、与上层次和同层次战略/规划的协调性问题。战略分析是实现 SEA 主要目标的基础性工作。应明确战略制定的背景和定位，梳理战略的近期、中期、远期目标及发展布局、规模、结构等可能对环境造成影响的内容。战略分析应包括概述、协调性分析和不确定性分析等，从战略内容、战略过程和战略组织三个维度进行分析。

2. 确定发展目标与路径

战略环评目标的确定可以从两个方面考虑：一是以本底为导向确定，即根据环境本底与识别的环境问题确定战略环评目标，主要目的是解决当前的环境问题;二是以目标为导向确定,首先制定战略行为的可持续性目标,然后确定各类目标以测试各种替代方案是否能实现战略目标,这种方法重点着眼于未来。确定战略环评目标是一个复杂的过程,不应只注重成果,还应注重过程对环境产生的影响。战略环评目标应具有合适的尺度,应与其他战略/规划相协调,并且合理可行。两种确定战略环评目标方法的优缺点如表 1-2 所示。

表 1-2　战略环评目标确定方法的优缺点

类　　型	优　　点	缺　　点
以本底为导向 (以环境为中心)	作为环境/可持续性的标准; 注重识别环境问题; 更容易识别环境累积影响	未将可持续性因素纳入决策过程; SEA 很可能变得多样化
以目标为导向 (以发展为中心)	将可持续因素纳入决策过程; 不再考虑与目标不相关的数据; 减少了对本底数据的需求	很可能成为仅对内部的兼容性测试; 不能保证战略行为具有可持续性; 经济指标可能占主导地位; 目标未必与环境相关或受环境约束

在确定战略定位与目标的基础上,设计能够实现发展战略的不同路径,考虑从多种发展方向进行战略分析与战略评价。在设计发展路径时应避免过高或过低地估计未来变化及其影响,应基于对系统重要变化提出的关键假设,对未来变化进行严密推理,同时需要将决策者的意图和愿望作为重要考虑内容。此外,应明确决策焦点,识别关键因素,分析政治、经济、社会、技术等外在驱动力,选择不确定性的轴向,构建合理的发展路径,并对不同发展路径进行描述。构建的发展路径应具有一致性、多样性、不相容性、可行性等特点。

3. 环境现状调查与评价

环境现状调查与评价一般包括自然地理状况、社会经济概况、资源禀赋与利用状况、环境质量和生态状况等内容。其过程应充分收集和利用已有的历史数据和现状资料，当已有资料不能满足环境影响评价要求时，应进行补充调查和现状监测。自然地理状况调查主要包括：地形地貌，河流、湖泊（水库）、海湾的水文状况，环境水文地质状况，气候与气象特征等。社会经济概况调查一般包括：评价范围内的人口规模、分布、结构和增长状况，经济规模与增长率，区域的产业结构、主导产业及其布局等。资源禀赋与利用状况调查一般包括土地利用、水资源、能源、矿产资源、生物资源等的分布、总量和利用状况等。环境质量和生态状况调查一般包括水（海洋）、大气、声、土壤等环境要求的功能区规划、保护目标和质量情况。环境现状调查与评价应保证全面性、针对性、可行性与效用性相结合的原则。

4. 环境影响识别

根据环境效应强度及发生背景，系统分析战略实施全过程对可能受影响的所有资源、环境要素的影响类型和影响途径。环境影响识别主要包括影响因子识别、影响范围识别两个方面。

影响因子识别应对战略所引发的环境因子的改变及其影响程度进行分析，同时应分析受环境效应的作用而造成的经济增长、人类健康、生态系统稳定性等的改变及相应程度。影响因子包括经济效应因子、社会效应因子、环境效应因子等。

不同层次、不同等级的战略所引发的环境影响范围也不同，可将战略环境影响因子分成全球可持续性因子、自然资源与区域环境因子、地方性环境因子三个不同尺度。战略环境评价影响范围分析应以区域范围内的环境影响为主，兼顾和区域相关的尺度较大或较小的影响（见表 1-3）。

表 1-3　不同尺度的战略环评及其影响因子

区域战略环评	地市级战略环评	区县规划环评
• 生物多样性 • 耗竭型资源潜力 • 非耗竭型资源潜力 • 特殊生境 • 温室气体排放	• 土地和土壤品质 • 空气质量 • 水资源量和水环境质量 • 矿产资源保有量 • 生物资源更新速率	• 内部介质环境质量 • 景观和公共用地 • 公用设施 • 市政处理设施

5. 环境影响预测与评价

环境影响预测主要针对不同的发展路径和发展阶段，分析环境影响的范围、强度、持续时间和变化趋势等。环境影响预测与评价的主要内容包括水资源与水环境、大气环境、声环境、土壤环境、生态环境等方面，还包括不同发展情景对自然保护区、饮用水水源保护区、风景名胜区、基本农田保护区等环境敏感区、重点生态功能区和重点环境保护目标的影响，评价其是否符合相应的环境保护要求。

环境影响预测与评价应评估资源（水资源、土地资源、能源、矿产等）与环境承载能力的现状及利用水平，在充分考虑累积环境影响的情况下，动态分析在不同发展路径和发展时段下可供利用的资源量、环境容量及总量控制指标，重点判定区域资源与环境对战略实施的支撑能力，分析战略实施是否会导致生态系统主导功能发生显著不良变化，甚至主导功能丧失，提出资源利用与环境可承载的建议发展路径。

6. 环境保护综合调控方案

根据环境影响预测与评价结果，提出资源节约、环境友好的新型发展方向及发展调控对策，为促进区域发展方式的根本性转变提供决策支撑。针对战略实施可能造成的不利环境影响，提出避免、降低、修复或补偿的措施。常用的措施包括：避免措施，即消除战略中对环境有害的要素；最小化措施，通过限制和调整布局、规模和结构，尽可能地使环境影响最小化；减量化措施，通过采取行政措施、经济手段、技术设备等强制性控制措施，减轻战略对环境的影响；修复补救措施，对于已经造成影响的环境进行修复或补救；重建措施，对于无法修复的环境影响，通过重建的方式代替原有的环境。

三、关键技术方法

1. 社会经济模拟方法

1）空间随机采样方法

空间随机采样方法是在一定空间范围内采用特定的采样规则对社会经济单元（如土地、人口等）进行分配的方法，其基础是蒙特卡罗（Monte Carlo）方法。该方法是继机理分析法和直接相似法之后又一种重要的建模方法，其基本原理是当试验次数（N）充分多时，某一事物出现的频率近似等于该事件发生的概率。当利用蒙特卡罗方法求解问题时，首先，建立概率模型，把需要求解的问题与概率模型联系起来；然后，通过随机抽样试验得到某些统计特征量作为待求问题的近似解。该方法普遍适用于很难建立数学模型的复杂随机系统，具有简便、建模周期短等特点。

蒙特卡罗方法的收敛速度与样本数相关，要使结构随机模拟结果的精度提高 1 位需要增加 100 倍的模拟计算工作量，因此采用蒙特卡罗方法求解问题往往需要巨大的模拟计算量。在提高确定性结构非线性分析精度基础上，高效地进行随机变量抽样、建立正确的随机结构样本及合适、稳定的反应量统计估计是提高模拟效率与精度的重要途径。为提高蒙特卡罗方法的效率，科研人员开展了大量对随机采样过程进行改进的研究，其中比较常用的是拉丁超立方采样法。拉丁超立方采样法是由 McKay 等人于 1979 年首先提出的，其基本原理是依据各输入参数的统计特征（分布形态及定义域范围），利用等概率分层的采样方法产生各参数的随机样本，即将参数的定义域划分为若干连续的区域，而每个区域参数取值的累积概率都是相同的。利用该采样方法能够有效减少输入参数组合的数量，当参数取值范围广、参数个数较多时，该方法更有利于提高计算效率。

2）基于元胞自动机的建模方法

20 世纪 40 年代，美国数学家 John Von Neumann 在考虑自我复制机的可能性基础上创造的第一个二维的元胞自动机（Cellular Automata，CA）。20 世纪 80 年代，诺依曼（Wolfram）提出了元胞自动机理论并创建了著名的 FHP 模型。近年来，基于元胞自动机的建模方法与相关建模技术不断发展，已被广泛应用于构造生长、复制、竞争与演化等现象的研究。基于元胞自动机的建模方法是一种在时间、空间、状态三个维度上高度离散化的模型，其空间相互作用和时间因果关系都基于空间网络的微观动力学，因此对于复杂系统的时空演化具有较强的模拟能力，通常用于自组织系统演变过程的研究。

复杂系统一般是由很多子系统或基本单元组成的。子系统或基本单元之间的相互作用产生了并非叠加效果的系统整体特性。基于这种思想，在建模时元胞自动机将模型空间以某种网格形式划分为许多单元（也被称为基元、格位、网格或元胞），每个元胞的状态以离散值表示，在简单情况下可取 0 或 1，在复杂情况下可取多值。按照马尔科夫链理论，元胞状态的更新由其自身及其相邻元胞的前一时刻的状态共同决定，不同的网格形式、状态集和操作规则将构成不同的元胞自动机。

基于元胞自动机的建模方法具有如下技术特点：元胞自动机是一种离散的动态系统，其时间、空间和状态都是离散的，而物理参量只取有限数值集；元胞自动机作为动力学系统的理想化模型，其基本结构用数学中的图表示，由若干节点和连接节点的边构成，在描述复杂系统结构和过程时，上述节点一般表示一个子系统，节点元素都可以看作一个自动机；每个元胞都是完全相同的有限自动机，故具有"以多取胜"而不是"以复杂取胜"的优势；元胞自动机是一个生命自我复制程序和自动网格模型，其演化规则是局部的、确定的。

托布勒（Tobler）在 1979 年首次提出将基于元胞自动机的模型应用于空间模拟，进而出现了第一批基于元胞自动机思想对于城市扩张进行模拟的模型。20 世纪 90 年代开始，CA 模型开始应用于对真实城市的模拟。应用于城市用地模拟的元胞自动机历史、主要方法和应用等具体见 Batty 和 Inés Santé 等的文章。

3）基于主体的建模方法

基于主体的建模方法（Agent Based Modeling，ABM）兴起于 20 世纪 70 年代的计算机人工智能领域。自 20 世纪 90 年代以来，Agent 已成为计算机和人工智能领域研究的重要前沿，许多领域（如社会科学、经济系统、生物科学、工程技术、仿真科学等）都开展了相关研究。基于主体的建模方法在 ABM 的基础上拓展到对社会、经济问题的研究，体现了社会科学、计算机模拟和基于主体的计算技术三个领域研究的有机结合。它能够有效地模拟、刻画系统参与主体决策的行为特征，以及参与主体之间、参与主体与环境之间的相互作用关系，以自底向上的方式解释复杂适应系统的动态变化特征。

基于主体的建模方法是一种基于智能技术的新方法，对复杂适应系统建模有着普遍的、重要的作用。该方法具有以下优势：与传统方法相比，Agent 技术不仅可提供建模方法，而且可给出问题的解，还可以演示系统演化的全部动力学特征，这是传统分析方法或数值方法无法实现的；对于无法求解或没有合适方法求解或许多参数无法计算的系统和问题，采用 Agent 技术可详尽地研究系统的多种特征，并对问题进行求解；对于无法形象描述或无法进行数学计算的问题，可以通过 Agent 交互来解决，而这类问题广泛存在于经济系统、社会系统和环境系统中；已有基于 Agent 的建模和开发工具成功应用于复杂系统的问题求解研究。

基于 Agent 的模型可以反映每个微观主体的决策影响，对于系统的自适应性及个体差异性进行重点考虑。这种方法在政策效应模拟、资源需求预测、区域发展预测等方面都得到了非常广泛的应用。但是，当基于 Agent 的模型应用于空间模拟过程时，其对数据的要求较高，容易受到数据不足和可靠性的制约，并且不同主体之间的行为规则及约束通常难以识别。

4）微观模拟方法

20 世纪 60 年代，随着计算机技术的迅速发展，经济数学模型研究提出了微观分析模拟模型（Microanalysis Simulation Model，以下简称微观模拟模型）。半个世纪以来，随着微观模拟模型的建模技术的不断发展和完善，以及政府统计部门微观数据资源的日益丰富，微观模拟模型得到日益广泛的应用，已经成为分析和制定经济政策的有效工具。

微观模拟方法源自微观计量经济方法，微观模拟系统往往比基于主体的模拟系统在结构上更为清晰、简洁。以离散选择模型为例，起初大多数文献是从实证研究的角度来研究能否利用离散选择模型来描述、解释某些地区历史上的企业、居民等个体实际的选择行为；后来微观模拟系统将企业投资的随机生成模块与离散选择模型结合，再考虑到企业的迁移行为，就得到用于模拟未来区域产业布局的系统。

微观模拟模型是在微观计量经济方法基础上发展而来的，微观模拟系统主要是由能够通过历史数据实证检验的微观计量经济模型模块构成的。其通过自下而上地将对微观个体的模拟进行加总，广泛应用于在政策影响下的区域社会人口、产业发展特征的研究。相对于基于 Agent 的模型，微观模拟模型简化了对不同经济主体之间相互作用的考虑，微观模拟模型的参数通常能够通过历史数据实证检验。

微观经济学模型在应用过程中需要解决的主要技术问题包括：①与宏观经济学模型明确的经济学假设相比，微观经济学模型在定义微观主体行为的过程中往往缺少理论及经验基础，需要使用者做出更多的行为假设，而这些行为假设在不同研究中可能存在较大差异；②微观经济学模型在描述微观主体行为变化方面存在不足，模型描述主体行为方程的参数往往是与时间无关的常数，无法反映主体行为的时间动态性；③微观经济学模型需要大量的、高质量的微观经济数据，现有的宏观经济数据通常无法直接应用于微观经济学模型，因此在区域工业布局模拟过程中获取有效的基础数据存在一定难度；④微观经济学模型的应用过程计算量较大，计算效率受限，对计算平台有一定的要求。

2. 环境压力模拟方法

1）污染物排放强度分析法

污染物排放强度是指单位生产单元（企业、行业、经济产出、劳动力、区域、国家等）的污染物排放，是测算模拟区域社会经济发展造成的污染物排放及环境风险的重要方法。目前，污染物排放强度指标主要基于产值或增加值计算，按照污染与经济活动的整合方式可以划分为两类：污染物排放外生计算方法和污染物排放内生计算方法。

污染物排放外生计算方法是在应用经济模型模拟经济活动的基础上，通过外生的污染物排放系数直接折算出污染物排放量。该方法采用完全独立、外生的污染物排放强度信息，污染物排放对于经济主体的行为不产生任何影响。例如，日本国立研究所将 SO_2、NO_x 排放因子引入其开发的综合模型 AIM/CGE 中；Xu 和 Masui 在该模型基础上研究中国硫税收、SO_2 总量控制、能源效率提升等控制 SO_2 的政策对 SO_2 及温室气体减排的作用，研究的时间范围为 1997—2020 年；Faehn 和 Holmoy 在挪威建立多部门分析模型，分析贸易自由化政策对大气、固体废弃物排放处置的影响，采用的外生排放系数包括了六种温室气体及固体废弃物处置量。

污染物排放内生计算方法将污染物排放的计算过程与经济模型进行内部整合，通常可以分为两种类型：一种类型是在经济系统中增加独立的污染治理部门，以治理部门为负责削减污染物的经济主体；另一种类型是不在经济系统中设立独立的污染治理部门，通过对企业的生产函数进行改造，将污染物削减投入、污染物排放嵌入生产函数中，测算企业个体的污染物排放水平规律。第一种类型如 Xie 和 Saltzman 提出的具有拓展性环境账户的中国环境—社会核算矩阵及 CGE 模型，该模型分别设立了废水、固体废弃物、粉尘对应的污染治理部门，计算三种污染物的污染排放。第二种类型如 Fare 等将污染物排放作为经济生产的副产物，采用线性函数研究美国火电行业污染物减排行为和传统生产率提升的相关性，研究时间范围为 1985—1995 年。

基于经济价值的污染物排放强度分析法受市场价格波动影响较大，并且不能表征一定用地空间范围内的污染特征，与基于土地的区域发展情景无法结合。东阳等通过典型城市案例调研，收集了不同行业企业用地及其环境污染物排放数据信息，建立了单位用地面积的工业行业污染物排放强度指标，分析了该市 19 个主要工业行业的污染物排放特征，并将其与产值污染物排放强度进行对比，分析了两者之间的差异；另外，提出选用单位用地污染物排放强度，这在一定程度上避免了重点污染行业识别偏差的问题，并且该指标能很好地与规划结合，识别结果可以给区域空间规划和环境评估提供一定的基础支持。

2）承载力评价方法

承载力的概念最早可以追溯到 19 世纪，其在生态学领域用于衡量某个区域内在某一环境条件下可维持某种物种个体的最大数量。自 20 世纪中叶以来，承载力研究在人口、土地资源、森林资源、水资源、能源、环境管理、畜牧业、种植业、旅游、生态、城市规划等领域都得到了广泛应用和研究。承载力也发展为某个区域资源环境所能支撑的经济规模、容纳污染物能力、资源供给能力、生态服务供给能力等，并成为衡量区域可持续发展能力的重要指标之一。在研究中，通常以污染物排放量（资源消耗量）与可容纳污染物能力（资源供给能力）的比值作为衡量的标准。

区域综合承载力研究起源于 20 世纪 60 年代末。Meadows 等学者利用系统动力学模型深入分析了世界范围内人口增长、工业化发展与资源过度消耗、环境恶化和粮食生产的关系，构建了世界模型，并预测到 21 世纪中叶全球经济增长将达到极限。Slesser 提出采用 ECCO（Enhancement of Carrying Capacity Option）模型，把世界看作闭合系统，在"一切都是能量"的假设前提下，综合考虑人口—资源—环境—发展之间的相互关系，以能量为折算标准，建立系统动力学模型，模拟在不同发展策略下人口与资源环境承载力之间的弹性关系，从而确定以长远发展为目标的区域发展优选方案。

国内学者 20 世纪 90 年代开始关注资源承载力和环境承载力的相关研究，并在区域综合承载力研究上开展尝试。曾维华等人将环境容量与资源供给进行综合考虑，选择五个指标计算综合承载力指数，以此为依据判断各区域发展的优劣点；王学军等提出了地理—环境—人口承载潜力，采用二级模糊综合评价方法，通过构建评估指标体系，并采用层次分析法求得指标的权重，从自然、社会、经济三个层面就中国省级区域的地理环境承载力进行了评判；余丹林、毛汉英、高群等结合状态空间法与系统动力学模型测算了由三类27个指标构成的环渤海地区区域承载力，并对其历史及未来变化趋势进行了分析和预测；孙莉等选取土地、水资源、交通和环境要素4类12个指标，采用层次分析法确定各指标权重，评价了我国主要城市群承载力综合得分及其短板要素。

现有资源环境承载力的研究以实证为主，其中大部分文献是基于调研、文献综述、数据统计、模拟等的研究方法，以某个国家或某个区域为研究对象，对资源环境承载力进行单因素或多因素的综合评价。资源环境承载力评价方法包括生态足迹法、AHP层次分析、聚类分析法、模糊综合评价法、系统动力学方法等，常用模型包括神经网络模型、灰色系统模型、多元回归模型、动力学模型等。目前综合承载力的评价多采用构建指标体系的思路，其中，对指标的选择受到数据可得性的约束，通常利用现有数据如统计指标或简单计算可获得的指标值进行环境承载力的评价，在指标选择、单要素指标量化、综合指标量化方面尚存在诸多需要进一步研究的问题。

资源环境承载力评估的方式和方法主要有情景分析法、类比分析法、供需平衡分析法、系统动力学分析法、生态学分析法等。

3）环境数学模型法

环境数学模型法是指用数学形式定量地表示环境系统或环境要素的时空变化过程和变化规律。环境数学模型是对自然系统（如气候、生态系统、流域、大气）或其中一部分（如大气污染、土壤侵蚀）的简化和模拟。环境数学模型包括大气扩散模型、水文与水动力模型、水质模型、土壤侵蚀模型、沉积物迁移模型、物种栖息地模型等。

环境数学模型法能够较好地定量描述多个环境因子和环境影响的相互作用及其因果关系，充分反映了环境扰动的空间位置和密度，可以分析空间累积效应及时间累积效应，具有较大的灵活性（适用于多种空间范围，可用来分析单个扰动及多个扰动的累积影响，以及物理、化学、生物等各方面的影响）。环境数学模型法一般对基础数据要求较高，只能应用于人们了解比较充分的环境系统，并应用于建模所限定的条件范围内，费用较高；另外，环境数学模型法通常只能分析单个环境要素的影响。

（1）水环境数值模拟。

水质模型（Water Quality Model）根据物质守恒原理，采用计算机语言描述水体中各种水质组分间随时间和空间变化而发生的物理、化学、生物及各种生态变化，是反映水体中内在污染物迁移转化规律和相互关系的一种数学模型。水质模型可提供河流水质和河流污染物的定量关系，可按照空间维数、时间相关性、数学方程的特征，以及所描述的对象和现象进行命名和分类。根据研究水体水质的空间维数，可将水质模型划分为零维水质模型、一维水质模型、二维水质模型和三维水质模型。零维水质模型通常将计算单元看作一个均匀的整体，可用于水库和湖泊的水体水质模拟计算，也可用于计算其他维度模型的初始值和估算值。一维水质模型和二维水质模型主要根据河流的横向尺度和纵向尺度的比值来选择：当河流的横向尺度远远小于其纵向尺度时，就选择一维水质模型；二维水质模型常用于宽浅式河流中。水质模型分类与选择如表 1-4 所示。

表 1-4 水质模型分类与选择

模型名称	应用尺度	参数形式	次暴雨/长期连续	模型主要结构	主要研究对象
DR3M	城市	分布式	次暴雨	Green-Ampt 模型；USLE；累积冲刷模型	氮、磷、COD 等污染物
STORM	城市	分布式	次暴雨	SCS 模型和径流系数法；USLE；累积冲刷模型；简单负荷模型	氮、磷、BOD 和大肠杆菌等
SWMM	城市	分布式	次暴雨	Horton 或 Green-Ampt 模型；USLE；累积冲刷模型；平均浓度法和累积冲刷模型	氮、磷、COD 和 BOD 等
CREAMS	农田小区	集总式	长期连续	SCS 水文模型；Green-Ampt 入渗模型；考虑溅蚀、冲蚀、河道侵蚀和沉积；考虑氮、磷负荷，简单污染物平衡	氮、磷和农药等
EPIC	农田小区	分布式	长期连续	SCS 水文模型；MUSLE；考虑氮、磷负荷，复杂污染物平衡	氮、磷和农药等
ANSWERS	流域	分布式	长期连续	考虑降雨初损、入渗和蒸发；考虑溅蚀、冲蚀和沉积；考虑氮、磷负荷，复杂污染物平衡	氮、磷
AGNPS	流域	分布式	长期连续	SCS 水文模型；USLE；考虑氮、磷和 COD 负荷，不考虑污染物平衡	农药、氮、磷和 COD 等
HSPF	流域	分布式	长期连续	斯坦福水文模型；考虑雨滴溅蚀、径流冲刷和沉积作用；考虑氮、磷和农药负荷，复杂污染物平衡	氮、磷、COD、BOD、农药等
SWAT	流域	分布式	长期连续	SCS 水文模型；MUSLE；考虑氮、磷负荷，复杂污染物平衡	氮、磷和农药等
PLOAD	流域	分布式	长期连续	平均浓度法；输出系数法；累积冲刷模型	氮、磷、BOD、COD 等
LS-NPS	城市与流域	半分布式	次暴雨与长期连续	用 LCM 和 DTVGM 水文模型优化非点源污染估算系数法	氮、磷、COD

根据不同尺度、地形特征和研究对象，选择相应的适用模型。模型数据库主要包括属性数据库和空间数据库。属性数据库主要包括气象数据、水文水质数据、土壤属性数据、水库、点源污染等；空间数据库主要包括遥感影像数据、土地利用图、植被覆盖度图、流域水系图、行政区划图、土壤类型图、DEM 等。

（2）大气环境数值模拟。

大气质量模型基于人类对大气物理、化学过程的科学认识，运用气象学原理及数学方法，从水平方向和垂直方向在大尺度范围内对空气质量进行仿真模拟，再现污染物在大气中输送、反应、清除等过程。大气质量模型是分析大气污染时空演变规律、内在机理、成因来源、建立"污染减排"与"质量改善"间定量关系，以及推进我国环境规划和管理向定量化、精细化过渡的重要技术方法。

自 1970 年至今，大气质量模型的发展大概分为三代。第一代大气质量模型：20 世纪 70—80 年代，EPA 推出了第一代大气质量模型，包括 ISC、AERMOD、ADMS、OZIP/EKMA、CALPUFF 等。这些大气质量模型又分为箱式模型、高斯扩散模型和拉格朗日轨迹模型，并均采用简单的、参数化的线性机制描述复杂的大气物理过程，适用于模拟惰性污染物的长期平均浓度。第二代大气质量模型：随着对大气边界层湍流特征的研究，人们逐渐开发了第二代大气质量模型，主要包括 UAM、ROM、RADM 等。这些大气质量模型均属于欧拉数值大气质量模型，加入了比较复杂的气象模式和非线性反应机制，并将被模拟区域分成许多三维网格单元，模拟每个网格单元大气层中的化学变化过程、云雾过程。另外，第二代大气质量模型仅考虑了单一污染物的大气污染问题。第三代大气质量模型：20 世纪 90 年代后出现的第三代大气质量模型，即以 CMAQ、CAMx、WRF-Chem、NAQPMS 等为代表的综合大气质量模型。这些大气质量模型综合考虑了在实际大气中各污染物间的相互转化和相互影响。

根据应用尺度、研究对象等，可以进行大气质量模型的选择。大气质量模型的分类与选择如表1-5所示。

表1-5　大气质量模型的分类与选择

模型名称	应用尺度	模型结构	参数需求	模型特点	主要研究对象
ISC	中小尺度<50km	稳态封闭高斯扩散模型	污染源、气象数据	操作简单，需要输入的模型参数少。由于扩散模型的局限性，对湍流扩散过程的模拟有影响	一次污染物
AERMOD	中小尺度<50km	稳态烟羽模型	污染源、气象数据、探空数据、地形数据、下垫面数据	考虑了大气边界层新的扩散理论，可用于乡村和城市、复杂地形、面源和高架点源等多种情况	一次污染物
ADMS	中小尺度<50km	三维高斯模型	污染源、气象数据、探空数据	适用于各种地形，同时考虑了建筑物	一次污染物
CALPUFF	中小尺度	三维非稳态拉格朗日模型	污染源、气象数据、探空数据、地形数据、下垫面数据	能模拟几百千米范围内的模拟问题，能模拟非稳态情况，适合粗糙、复杂地形模拟。在湍流扩散影响强烈的区域（如城市环境）使用受限	一次污染物
CUACE	区域尺度	三维欧拉模型	污染源、气象数据	多污染物、多尺度的大气质量模型，包含化学输送平流过程、气相化学过程	一次污染物、二次污染物
NAQPMS	城市/区域尺度	三维欧拉输送模型	污染源、地形数据、下垫面类型、气象数据	可用于多尺度污染问题，以及不同尺度之间的相互影响过程	一次污染物、二次污染物

模型名称	应用尺度	模型结构	参数需求	模型特点	主要研究对象
WRF-Chem	区域尺度	三维欧拉模型	污染源、地形数据、下垫面类型、初始浓度场、气象数据	考虑气象与污染之间的双向耦合作用，能实现在线反馈	一次污染物、二次污染物
CAMx	城市/区域尺度	三维欧拉模型	污染源、下垫面类型、地形数据	网格结构定义灵活，适用于多污染物、多尺度的模拟，包括臭氧、颗粒物源识别技术，能更好地进行源贡献分析	一次污染物、二次污染物
CMAQ	城市/区域尺度	三维欧拉模型	污染源、地形数据、下垫面类型、气象数据、环境参数	可同时模拟多种污染物在不同尺度的行为，兼顾了区域与城市尺度之间大气污染物的相互影响，以及污染物在大气中的各种气相化学过程	一次污染物、二次污染物

3. 不确定性分析方法

由于环境系统的复杂性和不可预见性、观测数据的不足及系统表现描述的局限性等，环境系统建模存在很大的不确定性。不确定性分析通俗地讲就是误差分析，分析由于系统外部输入的不确定性及环境机理认识的不确定性导致的模型结构的不确定性、参数识别的不确定性和预测未来的不确定性。

事实上，不确定性更多地体现了人类对复杂环境系统认识能力的不足。1973 年，O'Neill 等首次在生态系统研究中提出了不确定性和误差分析的概念。此后，不确定性分析逐渐受到重视。20 世纪 80 年代初提出的 HSY 方法应用方便，不需要太多的假设条件，不需要对模型进行修改，在模型不确定性分析中得到了广泛的应用。与此同时，其他的不确定性分析方法也被引入水环境分析中,如最大似然方法(Maximum Likelihood,ML)、广义的卡尔曼滤波方法(Extended Kalman Filter,EKF)等。1987年,Beck 发表的文章对数学模型不确定性产生的原因、不确定性的传播、参数识别及如何进行试验设计以减小不确定性进行了系统分析和阐述。GIUE 法将似然度分析引入不确定性分析领域,认为与实测值最接近的模拟值所对应的参数应具有最高的可信度,离实测值越远,可信度越低,似然度越小。目前,不确定性分析已经成为模型应用不可缺少的一部分,其基本框架如图 1-7 所示。

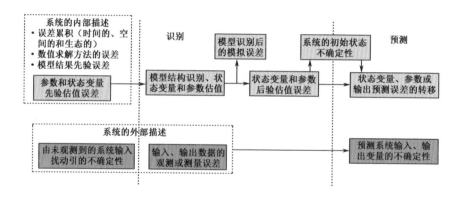

图 1-7　模型不确定分析的基本框架

数学模型的不确定性分为三类:环境系统的随机性和不可预见性;数据的不确定性,包括数据缺失和失真;模型的不确定性,包括模型结构和参数两个方面。对参数识别过程而言,主要的不确定性有数据的不确定性、模型结构的不确定性和参数估值方法带来的不确定性。

不确定性的表达方式反映了人们认识不确定性的方法。目前广泛使用的不确定性分析方法有随机采样方法,如 HSY 法、GLUE 法、灵敏度分析、一阶误差分析、二阶误差分析、卡尔曼滤波法等。模型结构的不确定性是模型不确定性的根本来源,并直接导致了模型参数的不确定性。

由于直接研究模型结构的不确定性非常困难，因此在实际研究中通常从参数的不确定性开始。

参数的不确定性分析方法可分为三类，即参数不确定性分析发展的三个阶段：传统一阶估算法、贝叶斯推理法、马尔科夫链蒙特卡罗法（Markov Chain Monte Carlo，MCMC）。

假设模型系统为 f，模型输入为 η，模型输出为 y，则给定模型参数 θ 和模型输入 η，模型输出可表示为

$$y=f(\eta, \theta)+\varepsilon$$

式中，ε 为均值为 0、方差为 δ^2 的独立误差。

假设残差 η 相互独立，符合高斯分布且方差恒定，在 t 时刻状态变量的观测值为 $\hat{y}(t)$，在模拟值为 $y(t)$ 的情况下，参数 θ 的似然度计算公式为

$$L(\theta|y)=(2\pi\delta)^{-n/2}\prod_t \exp\left\{-\frac{[\hat{y}(t)-y(t)]^2}{2\delta^2}\right\}$$

式中，n 为观测样本数；δ^2 为样本方差。

1）传统一阶估算法

传统的参数后验分布一阶估算法是在全局最优解 θ_{opt} 处一阶泰勒展开计算的。当模型为线性或接近于线性时，方程估算的参数后验分布能较好地反映参数的真实不确定性。然而，对于非线性模型（大多数环境模型），该方法的适用性较差。

2）贝叶斯推理法

贝叶斯推理法可充分利用先验信息，获得参数后验分布，不再是一组单一的最优参数，从而在一定程度上避免了由于"最优"参数失真而带来的决策风险。然而，它的数值解法并非总是容易的、直接的，因此在实际应用中需要进行随机变量的离散化。贝叶斯推理方法应用的主要障碍在计算方面，即使采用高性能计算机进行模拟，也面临着计算复杂

性的问题。

在实际应用中，在贝叶斯推理法基础上发展的 HSY 法得到了较为广泛的应用。其基本思想是：将目标函数寻优变为可信参数集搜索，即针对目标函数值设定可接受条件，在参数空间内通过随机采样搜索那些使得目标函数值满足可接收条件的参数，把这些参数记录下来构成可信参数集，并在获得可信参数集的基础上，研究输入数据的不确定性和参数的不确定性向模拟结果的传递。主要步骤如下：①确定参数可能取值的采样空间，即确定参数取值的上限、下限及空间统计分布特征；②设计目标函数，根据已测数据，为目标函数值设定可接受的条件，该条件将被用来把模拟结果及其对应的参数取值划分为可接受和不可接受两种类型；③参数在采样空间随机采样，用采样的参数进行系统模拟；④根据参数模拟的结果对参数进行归类，分别对应于两种划分类型；⑤重复步骤③和步骤④，直至找到要求数量的可以接受的参数为止。

3）MCMC 法

自 1907 年俄国数学家 Markov 提出马尔科夫链（Markov Chain）的概念以来，经过世界各国几代科学家的相继努力，目前马尔科夫链已成为内容十分丰富、理论相当完整的数学分支。马尔科夫链有严格的数学定义，其直观意义可理解为：在随机系统中下一个将要达到的状态仅依赖于目前所处的状态，与以往所经历的状态无关。

用马尔科夫链的样本对不变分布、Gibbs 分布、Gibbs 场、高维分布或样本空间非常大的离散分布等进行采样，并用于随机模拟的方法，统称为马尔科夫链蒙特卡罗法（Markov Chain Monte Carlo，MCMC），这是动态的 Monte Carlo 方法。这种方法的问世，使随机模拟在很多领域的计算中显示了巨大的优越性。相对于 Monte Carlo 方法，MCMC 法可大大降低计算量。

第二章 "三线一单"环境管控理念与方法

　　"三线一单"是落实规划环境影响评价成果的重要抓手，是各级环境保护部门在编制有关区域和流域生态环境保护规划的重要参考体系，是强化生态空间保护，以及优化产业布局、规模、结构的重要依据。本章主要介绍"三线一单"的概念和实施"三线一单"环境管控的意义，梳理"三线一单"的发展历程与政策要求演变，并总结分析"三线一单"的主要内容、技术流程与方法。

第一节 "三线一单"的概念与由来

一、"三线一单"的概念

　　"三线一单"是以改善环境质量为核心、以空间管控为手段，统筹生态保护红线、环境质量底线、资源利用上线及生态环境准入清单的要求的系统性分区环境管控体系。

1. 生态保护红线

生态保护红线是指在生态空间范围内具有特殊重要生态功能、必须强制性严格保护的区域，是保障和维护国家生态安全的底线和生命线，通常包括具有重要水源涵养、生物多样性维护、水土保持、防风固沙、海岸生态稳定等功能的生态功能重要区域，以及水土流失、土地沙化、石漠化、盐渍化等生态环境敏感脆弱区域。

2. 环境质量底线

环境质量底线是国家和地方设置的大气、水和土壤等环境质量目标，也是改善环境质量的基准线。为实现环境质量底线目标要求，需要落实区域/行业污染物排放总量、排放强度和排放标准等环境管控要求，提出优化区域/行业发展布局、结构和规模的对策措施。

3. 资源利用上线

资源利用上线是各地区能源、水、土地等资源消耗不得突破的"天花板"。为实现资源利用上线要求，需要落实资源利用总量、结构及区域/行业资源利用效率等资源管控要求。

4. 生态环境准入清单

生态环境准入清单是基于生态保护红线、环境质量底线和资源利用上线，以清单方式列出的差别化环境准入条件和环境管理要求。要从空间布局约束、污染物排放管控、环境风险防控、资源利用效率等方面入手，制定生态环境准入清单，充分发挥生态环境准入清单对产业发展和项目准入的指导和约束作用。

二、"三线一单"发展历程

自《规划环境影响评价技术导则 总纲》(HJ130—2014)实施以来，其在加强和推进城市总体规划环境影响评价工作，优化国土空间开发格局，从源头预防城市发展引起的环境污染和生态破坏等方面起到了一定作用。但随着我国城市化、工业化进程的不断加快，城市范围不断扩张，人口规模不断增大，城市土地资源、水资源紧缺对城市未来发展的制约逐步显现，由城市布局、结构导致的大气污染、水污染、土壤污染和生态环境质量下降与人居环境安全的矛盾加剧。

2015 年 10 月，京津冀、长三角、珠三角三大地区战略环评项目启动会提出环境影响评价是环境保护参与国家经济运行决策的第一窗口，规划环境影响评价是推动绿色化转型的重要抓手，因此应严守空间红线、总量红线、准入红线——"三条铁线"的要求。

2016 年 2 月，环境保护部发布了《关于规划环境影响评价加强空间管制、总量管控和环境准入的指导意见（试行）》（环办环评〔2016〕14号），要求规划环境影响评价在执行相关技术导则和技术规范的基础上，将空间管制、总量管控和环境准入作为评价成果的重要内容。

2016 年 3 月，在十二届全国人民代表大会第四次会议关于"加强生态环境保护"的记者会上，时任环境保护部部长陈吉宁指出，要抓好预防，解决源头的问题，做好"画好框子、定好界限、明确门槛"。画好框子，要做好生态保护红线划定，做好规划环境影响评价对空间的约束；定好界限，要确定重点行业重点地区的污染物总量界限；明确门槛，就是项目要满足环境标准的要求才能进来，所以要推动建立敏感区域的产业负面清单。

2016 年 6 月，国家发改委、环境保护部等 9 部委联合印发了《关于加强资源环境生态红线管控的指导意见》（发改环资〔2016〕1162 号），要求严守资源环境生态保护红线，推动建立红线管控制度，加快建设生态文明。

2016 年 7 月，环境保护部印发了《"十三五"环境影响评价改革实施方案》（环环评〔2016〕95 号），提出以改善环境质量为核心，以全面提高环境影响评价有效性为主线，以创新体制机制为动力，以"生态保护红线、环境质量底线、资源利用上线和环境准入负面清单"为手段，强化空间、总量、准入环境管理。推进环境影响评价管理体系改革，真正发挥环境影响评价在源头预防上的关键作用。2016 年 10 月，为了更好地发挥环境影响评价制度从源头防范环境污染和生态破坏的作用，加快推进改善环境质量，环境保护部发布了《关于以改善环境质量为核心加强环境影响评价管理的通知》（环环评〔2016〕150 号），要求强化"三线一单"约束作用，建立"三挂钩"机制，"三管齐下"切实维护群众的环境权益。

"三线一单"发展历程如图 2-1 所示。

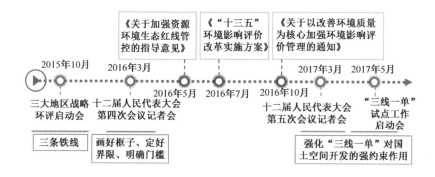

图 2-1　"三线一单"发展历程

三、"三线一单"与战略环评的关系

"三线一单"是战略环评和规划环境影响评价(以下简称规划环评)落地的重要抓手。近年来,生态环境部大力推动环境影响评价(以下简称环评)改革,力图解决战略环评的指导、约束不具体,以及规划环评赶不上规划变化、被动"跟着规划走"等突出问题。过去环评跟着项目走,工作方向以项目需求为导向,而不是以环境质量目标为导向。为扭转这种不利局面,提出要做战略环评和规划环评,从区域国土空间环境属性出发,以环境质量为导向而不是以项目为导向,围绕环境质量改善,预先设定门槛,引导区域发展、项目准入。近几年战略环评和规划环评工作成果丰硕,但也存在战略性、方向性要求居多及可操作性、约束性不强的问题。"三线一单"为战略环评和规划环评落地提供了重要抓手,"线"(生态保护红线、环境质量底线、资源利用上线)可以框住空间利用格局和开发强度,"单"(生态环境准入清单)可以规范开发行为,明确哪些能干、哪些不能干,将生态环保的规矩立在前面,强化对区域环境质量的预判,扭转环评工作的被动局面,将战略环评和规划环评的成果具体化为"三线一单"的落地。

四、"三线一单"管控的必要性

"三线一单"是完善国土空间治理体系的重要基础。国土空间是社会经济发展和生态环境保护的载体,空间治理日益成为宏观调控,特别是区域调控的重要组成部分。当前区域性环境污染和生态破坏问题越来越突出，资源环境约束日益成为基础性制约。这个制约不解决好，发展很难上去。落实"三线一单"，以生态环境空间管控引导构建绿色发展格局，支撑参与空间治理体系建设是《"十三五"生态环境保护规划》提出的重要任务，是加强生态空间保护、优化国土空间利用结构和强度、完善空间治理体系的重要基础。通过编制"三线一单"，有助于优化区域国土空间结构和治理体系；使地方政府、环境保护部门对产业的空间结构了然于胸，对于做什么、不做什么，以及管控到什么程度有更清晰的把握。

"三线一单"是提高环境精细化管理水平的重要手段。《中共中央关于制定国民经济和社会发展第十三个五年规划的建议》和《"十三五"生态环境保护规划》都确定了以提高环境质量为核心的环境管理思路。目前环境质量底线多为目标属性要求，难以转化为环境质量底线管理的污染物排放总量限值，这与区域社会经济发展目标直接相关。"三线一单"将《大气污染防治行动计划》《水污染防治行动计划》《土壤污染防治行动计划》及环境保护规划、环境功能区规划等确立的环境质量底线要求，结合环境传输关系和环境管理基础，细化到可操作的、具体的基础控制单元，以环境质量目标倒逼确定污染物排放总量限值，是实现以提高环境质量为核心的环境管理转型，以及提高环境保护系统化、科学化、法治化、精细化和信息化水平的重要手段。

"三线一单"是参与空间规划的有力支撑。按照中央要求，空间规划"多规合一"工作正在加快推进。生态环境是空间规划的重要基础。对区域国土空间的环境属性进行系统评价，科学分析区域环境承载力，确定需要严格保护的生态空间，将环境准入、生态环境保护、资源开发利用的要求与区域开发衔接，并落实到具体区域，是环境保护参与"多规合一"工作的重要使命。

第二节 "三线一单"技术要求与方法

一、总体技术流程

  "三线一单"划定工作按工作内容分为生态保护红线、环境质量底线、资源利用上线、生态环境准入清单四大方面，四者相互依托、相互支撑。"三线一单"划定的技术流程主要包括生态环境现状评价、环境保护目标确定、生态资源分析与环境目标可达性分析、"三线"划定、生态环境准入清单编制五个阶段（见图2-2）。

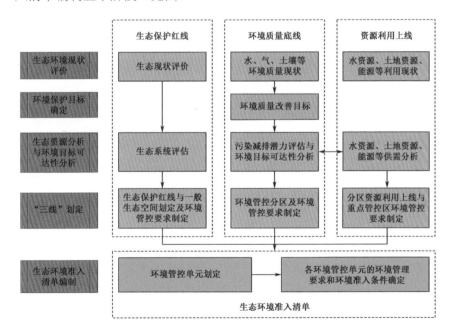

图 2-2 "三线一单"划定的技术流程

在生态环境现状评价阶段，重点进行生态现状、环境质量现状和能源资源利用现状评价，识别生态环境保护和资源利用等的关键问题。在环境保护目标确定阶段，重点确定评价期环境质量改善目标。在生态资源分析与环境目标可达性分析阶段，重点开展生态系统评估、污染物减排潜力评估与新增量核算、环境目标可达性分析、资源供需分析等工作。在"三线"划定阶段，重点制定生态保护红线与一般生态空间及环境管控要求、环境要素管控分区及环境管控要求、资源能源利用上线与重点管控区环境管控要求等。在生态环境准入清单编制阶段，主要基于生态、环境、资源的差异化管控分区，叠加划定环境管控单元，确定各环境管控单元的环境管理要求和环境准入条件。

二、生态保护红线

从生态环境本底入手，从维护生态系统完整性和安全性的角度，综合考虑主体功能区规划、生态功能区规划等相关工作成果，研究生态服务功能重要性、生态环境敏感性和脆弱性的空间分布特征，确定分级分类管理的生态空间和生态保护红线方案。海洋生态空间、海洋生态保护红线、生态岸线等依据海洋国土空间的特殊性划定。生态保护红线与一般生态空间划定技术流程如图 2-3 所示。

1. 生态现状评价

生态现状评价重点评价生态系统的类型及其结构、功能和过程。生态系统类型包括森林、草原、荒漠、冻原、湿地、水域、海洋、农田、城镇等。生态系统功能包括水源涵养、生物多样性维护、水土保持、防风固沙、海岸生态稳定等。生态现状评价内容包括：分析生态系统总体状况和历史变化趋势，识别生物多样性降低、水土流失、沙漠化、土壤盐渍化、生态空间占用等生态问题，辨识生态系统面临的压力和存在的关键问题。

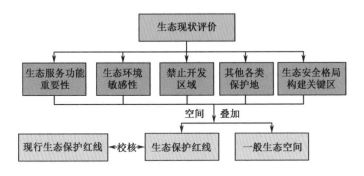

图 2-3 生态保护红线与一般生态空间划定技术流程

2. 生态系统评估

按照《生态保护红线划定指南》，生态系统评估重点包括：评估生态服务功能重要性，包括水源涵养、水土保持、防风固沙、生物多样性维护等，并划分为极重要、重要、一般重要三个级别；评估生态环境敏感性，包括水土流失、土地沙漠化、石漠化、土壤盐渍化等，并划分为极敏感、敏感、一般敏感三个级别；识别其他各类重要生态区，包括国家级和省级等各类禁止开发区域，以及极小种群物种分布的栖息地、国家一级公益林、重要湿地、野生植物集中分布地等其他各类保护地；另外，采用景观生态学法等，分析生态安全格局，识别对于维持生态系统结构和功能具有重要意义的自然生态用地。

3. 生态保护红线与一般生态空间划定

生态空间划定通常采用 GIS 空间分析技术。将生态服务功能极重要区、生态服务功能重要区、生态环境极敏感区、生态环境敏感区、其他各类保护地、生态安全格局构建关键区等空间叠加，划定生态空间。

依据《生态保护红线划定指南》，明确生态保护红线区域，优化调整现行生态保护红线，则生态保护红线以外的生态空间为一般生态空间。

根据生态保护相关法律法规与管理政策，结合生态空间土地利用现状和管理情况，可以明确各类生态保护红线和一般生态空间的主导生态功能、重点生态问题、生态管控要求和综合整治要求。

三、环境质量底线

环境质量底线划定是指，以环境质量改善为核心，确定区域环境质量目标，基于环境质量目标测算环境容量，以及环境管理允许的污染物排放量，结合分部门、行业以污染控制技术为依据的自下而上的污染物减排潜力的核算，确定区域、流域污染物管控方案；另外，做好环境质量、环境容量和允许污染物排放总量及排污许可等的衔接。环境质量底线划定技术流程如图 2-4 所示。

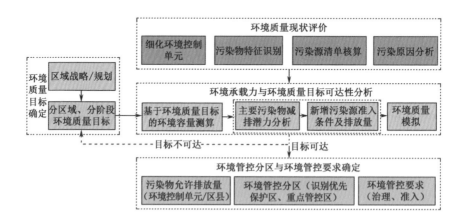

图 2-4　环境质量底线划定技术流程

1. 环境质量现状评价

综合考虑自然地理条件、污染扩散特征、行政边界等，划定环境控制单元。水环境控制单元根据流域特征、水文情势、水质监测断面、行政区划等综合确定，并与国家和省级控制单元相衔接，按照行政边界拟合。大气环境控制单元根据地形地貌、大气污染扩散条件、行政区划等综合确定，一般以区县级行政单元为大气环境控制单元。

通过指数法、类比法、现场踏勘法、专家咨询法等，评价区域水环境质量、大气环境质量、土壤环境质量的现状和变化趋势，分析影响各环境质量的主要污染因子和特征污染因子，识别关键环境问题。确定排放管控的主要污染物，综合考虑国家和地方政府重点控制污染物、评价区未来发展的主导行业或重点行业的特征污染物、当地环境介质最敏感的污染因子等因素，综合确定纳入污染物排放控制的主要污染物。一般应包括：化学需氧量、氨氮、总磷等水污染因子，二氧化硫、氮氧化物、颗粒物、挥发性有机物等大气污染因子，其他与区域突出环境问题密切相关的主要特征污染因子。

核算全口径污染源排放清单，建立环境质量与污染物排放间的响应关系，分析污染原因。基于环境监测、环境统计、排污许可等数据，依据污染源清单编制技术指南、产排污系数手册等，建立全口径污染源排放清单。选取适宜的模型，建立环境质量与污染物排放间的响应关系，分析污染原因。

污染原因分析包括区域传输贡献及本地污染源部门、行业占比等，分析污染物排放强度、控制水平和环境保护设施处理水平等。分析评价区域内已发生的环境风险事故的类型、原因及造成的环境危害和损失，分析区域内主要环境风险源分布及环境风险防范方面存在的问题。

2. 环境质量目标确定

分析国家、省级、市级政府确定的可持续发展战略、环境保护相关政策与法规，以及生态环境保护规划、污染防治行动计划、近岸海域环境保护规划、流域综合环境整治规划等相关规划，以环境质量改善为原则，结合相关规划、人体健康要求及评价区域环境质量现状，综合确定大气、水、土壤等环境质量目标。水环境质量目标重点确定水环境功能区达标率、水质优良比例、控制断面水质目标等，大气环境质量目标重点确定主要污染物浓度目标、优良率目标等，土壤环境质量目标重点确定受污染耕地及污染地块安全利用目标。

3. 环境承载力与环境质量目标可达性分析

1）测算主要污染物容量

基于流域水文特征、区域气象条件等，通过适宜的环境质量模型、类比调查、专业判断等方法，科学测算大气、水等环境控制单元主要污染物的环境容量。

2）主要污染物减排潜力分析

综合运用情景分析、类比调查和专业判断等方法，从源头控制、清洁生产和末端治理等方面核算各环境控制单元主要污染物减排潜力。对于重点行业，基于国家相关部门或行业协会推荐的行业污染防治先进技术、最佳可行技术（BAT）等，分析区域内行业生产工艺水平、污染控制技术水平和技术进步、污染负荷贡献及控制成本等，全面分析和测算主要污染物减排潜力。主要污染物减排潜力核算应至少做到分部门分析，其中，水污染物减排潜力核算至少应包括城镇生活源、工业源（重点行业/工业企业）和规模化养殖污染源，大气污染物减排潜力核算至少应包括工业源（重点行业/工业企业）、面源（农村和城市）和移动源（机动车、船舶等)。另外,研究涉及的行业应与国民经济行业分类(GB/T 4754—2011)一致。

3)主要污染物新增量分析

以区域污染物减排为前提,以社会、经济发展情景为基础,结合区域和流域环境管控要求及国内外先进环境管理水平、清洁生产等要求,考虑管理实际和技术进步等因素,测算各环境控制单元主要污染物新增量,并明确新增污染源准入条件。部门和行业的划分与污染物减排潜力核算相同。

4)环境质量目标可达性分析

通过对比法、模拟法等,分析环境质量目标的可达性。水环境质量目标的可达性分析应与河流、湖泊生态流量分析衔接,大气环境质量目标的可达性分析应与能源结构优化调整等衔接。如果环境质量目标不可达,需要进一步强化污染物排放管控要求或调整分区域、分阶段环境质量目标。

4. 环境管控分区与环境管控要求确定

1)主要污染物允许排放量

基于环境承载力分析、污染物减排潜力分析与环境质量目标可达性分析,综合考虑基于环境质量目标的环境容量、减排潜力、新增量等因素,确定各环境控制单元主要污染物允许排放量或减排比例。

2)环境管控分区

根据环境现状评价、污染物排放管控分析结果,结合环境禀赋特征,识别环境优先保护区和重点管控区,并划定环境管控分区。

大气环境优先保护区主要为自然保护区、风景名胜区等环境空气一类功能区。大气环境重点管控区包括高排放区、污染布局敏感区、污染弱扩散区、受体敏感区等，主要通过分析污染区域及污染排放源、输送过程、受体等污染形成机制确定。高排放区主要指工业集聚区等对污染贡献较高的区域；污染布局敏感区为对环境空气质量影响突出的区域；污染弱扩散区为污染易于聚集的区域，通过气象、地形条件等综合确定，也可采用环境大气质量模型模拟确定；其他区域为一般管控区。

陆域水环境优先保护区主要包括水源保护区、湿地保护区、"三场一通道"等对于水源涵养、水生态保护、生物多样性保护等水系统维护起关键作用的区域。陆域水环境重点管控区主要指超标环境控制单元中污染贡献大、管控要求高的区域，邻海区域水环境重点管控区应与近岸海域水环境质量相衔接；其他区域为一般管控区。

近岸海域水环境优先保护区主要包括海洋渔业水域、海上自然保护区、珍稀濒危海洋生物保护区等一类近岸海域环境服务功能区。近岸海域水环境重点管控区主要包括对近岸海域水质超标影响贡献较大的海水养殖区域、港区等，以及对海洋环境风险影响较大的港区、航道等，其他区域为一般管控区。

土壤环境优先保护区主要为农用地集中区。土壤环境重点管控区主要包括农用地污染风险区和建设用地污染风险区，其余区域为一般管控区。

3）环境管控分区方案

基于环境质量现状与环境质量目标可达性分析结果，综合考虑污染贡献、减排成本、减排难度、减排效益、发展政策导向等因素，确定各环境管控区污染治理要求，编制重点部门和行业环境效率准入要求及污染物排放标准等管控方案。

四、资源利用上线

以资源能源禀赋为根本，以生态环境质量改善要求为约束，参照相关部门确定的资源红线管控要求，结合社会经济发展需求、技术提升潜力等因素，核算资源需求结构及总量，从而确定资源利用总量、结构、强度、效率等指标。

建立资源利用与生态环境之间的响应关系。以环境质量改善和生态系统功能维持为约束，对区域资源利用上线、重点区域/行业资源利用上线、资源利用强度提出反馈建议。水资源利用上线兼顾水环境质量目标约束下的生态用水量、废水排放量等控制要求；能源利用上线兼顾大气环境质量目标约束下的煤炭利用量等控制要求；其他资源，如土地资源、矿产资源等，依据制约的生态环境条件确定资源利用上线管控要求，并需要考虑生态保护用地总量和空间分布特征等。资源利用上线划定技术流程如图 2-5 所示。

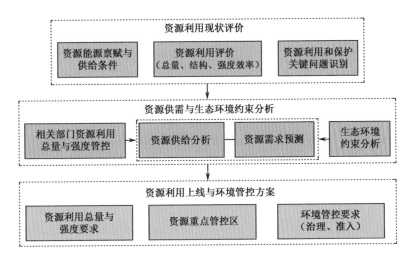

图 2-5　资源利用上线划定技术流程

1. 资源利用现状评价

资源利用现状评价的主要内容包括：评价资源供给条件，水资源重点评价水资源总量、时空分布、蓄水能力等，能源重点评价一次能源禀赋、转输及二次能源加工转化能力等；评价各类资源的供需状况、资源利用总量、结构、强度、效率等，分析资源利用和保护方面存在的问题。

2. 资源供需与生态环境约束分析

借鉴水利部、国家发展改革委、自然资源部等相关部门能源利用红线、水资源利用红线和土地资源利用红线核算成果及要求，综合考虑基础设施建设、技术进步等因素，分析资源供给总量和结构。

资源需求预测：综合考虑社会、经济发展空间布局和结构特征等的变化，以及循环经济发展、生产工艺水平、技术进步和控制成本等，全面分析区域、行业资源需求总量和结构。

生态环境约束分析：基于生态系统功能维护、环境质量改善目标等，评估资源利用管控要求。

3. 资源利用上线与环境管控方案

综合考虑国家及地区资源利用要求、资源禀赋、生态环境要求，结合可供资源量和资源需求核算结果，确定区域资源总量上线、重点区域、重点行业资源利用总量、结构和效率，以及重点管控区环境管控要求和资源保护方案等。水资源重点管控区重点识别地下水严重超采区、生态用水严重不足区等。能源重点管控区重点识别高污染燃料禁燃区、禁煤区等。

五、生态环境准入清单

基于环境管控单元制定生态环境准入清单。在一般生态空间、生态保护红线、环境要素管控分区、资源重点管控区基础上，叠加行政区划等，划定环境管控单元。在梳理国家和地方既有环境管控要求的基础上，结合一般生态空间和生态保护红线、环境质量底线、资源利用上线的空间差异化管控要求，从空间布局约束、污染物排放控制、环境风险防控、资源利用效率等维度，制定各环境管控单元的环境治理要求和生态环境准入清单。生态环境准入清单制定技术流程如图2-6所示。

结合研究内容及管理要求确定环境管控单元尺度和对应要求。地市尺度应至少细化至区县及重点园区，有条件的地市尺度应细化至乡镇/街道单元。

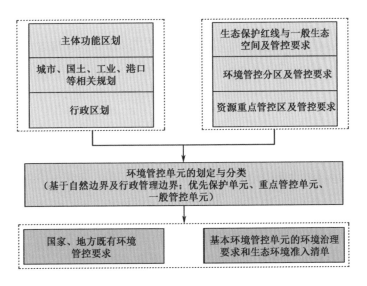

图 2-6 生态环境准入清单制定技术流程

1. 环境管控单元的划定与分类

采用叠图法，将生态保护红线、一般生态空间、水环境控制单元、大气环境管控分区等分要素管控分区、资源重点管控分区及其他环境管控分区等进行空间叠加，并采用聚类分析等方法，形成以乡镇、街道、工业集聚区（园区）为基础的若干环境管控单元，明确各环境管控单元的面积和边界。

集中分布的生态保护红线、一般生态空间、水环境优先保护区、大气环境优先保护区等，宜以自然边界为依据，划为优先保护单元。

当前和未来环境问题突出，需要强化环境管控的工业集聚区（园区）、城区（镇区）、港区、农业集中区等，宜以行政管理边界为依据，划为重点管控单元。

其他生态系统功能和敏感性一般、环境问题不突出的区域，划为一般管控单元。

2. 生态环境准入清单的制定

基于各要素管控分区的环境管理要求，参照评价区域重点行业发展水平、国内外先进水平、清洁生产标准等，综合确定各环境管控单元的差异化、精细化环境管理、资源利用等要求。

各环境管控单元的环境管理要根据重点生态功能和关键资源环境问题有所侧重。优先保护单元重点明确生态保护要求和生态环境准入正面清单等；重点管控单元如果是工业集聚区（园区），则重点明确现有产业整治要求、重点行业资源利用效率、污染物排放标准、环境保护基础设施建设要求等；重点管控单元如果为城镇区，则重点明确环境保护基础设施建设要求、交通源排放控制要求、风险防控要求等；重点管控单元如果为农业区，则重点明确畜禽养殖污染控制要求、环境保护基础设施建设要求等。

第三章 战略环境评价与"三线一单"实践

自 2008 年起，我国组织了众多区域战略环评、地市级战略环评和"三线一单"试点工作。本章简要介绍五大区域、西部大开发重点区域、中部地区、三大地区共四批区域战略环评实践，以及在京津冀战略环评中"三线一单"和第一批地市级"三线一单"试点工作实践。

第一节 战略环境评价实践

2008—2017 年，环境保护部先后组织开展了四轮大区域发展战略环评，包括五大区域重点产业发展战略环境评价、西部大开发重点区域和行业发展战略环境评价、中部地区发展战略环境评价和三大地区战略环境评价，涉及全国 28 个省（自治区、直辖市），重点评价面积约 777 万平方千米，占国土面积的 80.4%。随后，以连云港、鄂尔多斯为试点，开展了地市级战略环境评价工作。我国已开展区域发展战略环境评价涉及的省（自治区、直辖市）2015 年总人口为 13.02 亿人，占全国的 95.0%；GDP 总量为 69.5 万亿元，占全国的 95.8%；SO_2、NO_x、COD、氨氮排放量分别为 1776 万吨、1721 万吨、2009 万吨、216 万吨，分别占全国排放总量的 95.6%、93.5%、90.3%、94.1%。

一、五大区域重点产业发展战略环境评价

在国家区域发展战略的引领下，环渤海沿海地区、海峡西岸经济区、北部湾经济区沿海、成渝经济区和黄河中上游能源化工区五大区域，正成为国家宏观经济战略的重要指向区域和新的经济增长极。结合我国区域经济发展的总体战略、产业发展趋势和区域布局态势，生态环境部自 2008 年起开始组织五大区域重点产业发展战略环境评价工作，旨在推动五大区域环境保护优化经济发展新格局的形成。

五大区域重点产业发展战略环境评价的重点指向区筛选，考虑了区域自身属性、区域已有的或可能有的战略规划、区域社会经济发展趋势、区域生态环境问题、区域环保政策指引及近期行动等因素。环渤海沿海地区、海峡西岸经济区、北部湾经济区沿海、成渝经济区和黄河中上游能源化工区分别代表了率先奔入小康区域、沿海新兴开发区（海峡西岸经济区、北部湾经济区沿海）、流域性社会经济区和河口型生态经济区。五大区域重点产业发展战略环境评价历时近三年，涵盖15 个省（自治区、直辖市）的 67 个地级市和 37 个县区，涉及石化、能源、冶金、装备制造等 10 多个重点行业。

　　五大区域重点产业发展战略环境评价针对五大区域重点产业发展的目标和定位，围绕产业布局、结构和规模三大核心问题，以区域资源环境承载力为约束条件，全面分析产业发展现状、趋势及关键性的资源环境制约因素，深入评估五大区域产业发展可能产生的环境影响和潜在的生态风险，尝试构建跨流域、跨行政单元、前瞻性的环境综合管理模式，提出了重点产业优化发展调控建议和环境保护战略对策，研究了在决策阶段和宏观布局层面预防产业布局性环境风险、确保区域生态环境安全的新思路和新机制，为国家"十二五"规划编制、区域中长期发展规划制定、区域环境管理与环境建设等重大决策提出提供技术支撑，成为相关地区火电、化工、石化、钢铁等行业环境准入的重要依据。

　　以环渤海沿海地区为例，战略环境评价区涵盖环渤海沿海地区的 13 个地市，运用产业经济分析、情景分析、承载力分析、大区域环境系统模拟、生态风险评估等技术方法，对大尺度复杂社会经济系统及其环境响应变化进行综合分析、预测和评估。利用 ArcGIS 软件空间叠加分析土地利用现状与规划图，对沿海产业集聚区用地扩张占用的土地规模、结构、布局及海岸线进行分析；利用区域气象模式 MM5 模拟气象场，为 NAQPMS 模式提供气象场驱动，并以区域未来大气污染物排放为基础，对大气污染物浓度的未来情景进行空间分布模拟；利用承载力分析理论核算区域资源环境综合承载力利用情况，运用三层次分析法、二元循环法、大尺度水动力模型及大尺度开放式模式的大气环境容量计算方法分别评价区域水资源、水环境、近岸海域及大气环境承载力，最终得到资源环境综合承载力利用情况。作为首个大区域战略环境评价，五大区域重点产业发展战略环境评价为今后大区域战略环境评价探索了一条可行之路，成为后续战略环境评价工作的借鉴样本。

二、西部大开发重点区域和行业发展战略环境评价

西部大开发战略实施 10 年以来，西部地区经济实力大幅提升，人民生活水平显著提高，西部地区进入了历史上最好的发展时期。2010 年，《中共中央国务院关于深入实施西部大开发战略的若干意见》明确把西部大开发战略放在区域协调发展总体战略的优先位置。与此同时，西部地区生态环境脆弱，水土流失严重，水资源短缺，石漠化、沙漠化加剧，生物多样性退化等生态环境问题突出。

党的十八大确立了经济建设、政治建设、文化建设、社会建设、生态文明建设"五位一体"的总布局，要求树立尊重自然、顺应自然、保护自然的生态文明理念，坚持节约优先、保护优先、自然恢复为主的方针，形成节约资源和保护环境的空间格局、产业结构、生产方式、生活方式，从源头上扭转生态环境恶化趋势。

为推动环境保护优化经济发展新格局的形成，确保西部地区中长期的生态环境安全，生态环境部组织开展了西部大开发重点区域和行业发展战略环境评价工作。战略环境评价涉及云南、贵州、甘肃、青海、新疆及新疆生产建设兵团共 61 个地州市，战略评估涵盖面积占国土面积的35.5%。

与五大区域重点产业发展战略环境评价不同，西部大开发重点区域和行业发展战略环境评价针对其区域特有的生态环境问题进行评价。针对西部地区水土资源不匹配，同时是我国重要生态屏障的特点，评估了区域资源环境综合承载力利用水平，给出了适宜区域建设的布局建议，提出了区域生产力发展与产业布局的优化策略。以"西南（云贵）重点区域和行业发展战略环境评价"为例，该研究运用共轭梯度理论研究产

业系统结构调整和布局优化的调控方案；运用区域产业系统影响辨识的三角形评估框架，结合技术经济、计量分析、空间分析、承载力分析等理论和方法，建立了产业经济与资源环境耦合关系研究的基本路径；运用 ArcGIS 软件分析区域适宜建设用地及未来适宜建设用地空间；运用 BNU-SWAT 生成水文响应单元，与专题图结合输出各类计算结果，进行水量平衡分析，模拟土地利用变化对水文过程的影响，最终提出具有区域针对性的城镇化与产业发展优化布局方案。

三、中部地区发展战略环境评价

中部地区处于我国腹地，承东启西、连南贯北，区位优势明显，是推进新一轮工业化和城镇化的重点区域。中部地区人口众多，人地关系、用水关系较为紧张，部分地表水体污染严重，地下水超采、湿地萎缩形势严峻，传统煤烟型污染与以细颗粒物和臭氧为特征的大气复合污染并存，持续改善环境质量的任务艰巨。

2013 年环境保护部启动中部地区发展战略环境评价工作。工作范围包括中原经济区、武汉城市圈、长株潭城市群、皖江城市带、鄱阳湖生态经济区等重点区域，涉及河南、安徽、山西、山东、河北、湖北、湖南、江西 8 个省份 60 个地市。

随着党的十八大将生态文明纳入"五位一体"，结合区域发展战略定位，中部地区发展战略环境评价提出"粮食安全""流域生态安全""人居环境安全"三大评价维度，并根据结果确定区域综合环境管控单元，落实生态环境保护策略。以"长江中下游城市群发展战略环境评价"为例，研究分别评价了武汉城市圈、长株潭城市群、鄱阳湖生态经济区和皖江城市带当前、2020 年和 2030 年三大安全综合水平；并根据区域发展规划、各省级政府国民经济发展规划、生态功能区划、主体功能区规划、环境保护规划及资源环境承载力利用水平等，结合地理信息空间技术手段划定区域综合环境管控单元。此次综合环境管控单元划定工作尚显粗糙，环境策略制定还不够细致，但已经为后来分级分类的空间环境管控做出了尝试。

■ 四、三大地区战略环境评价

党的十九大提出，生态文明建设是中华民族永续发展的千年大计，明确我们要建设的现代化是人与自然和谐共生的现代化，要提供更多优质生态产品以满足人民日益增长的优美生态环境需要；并提出要在 2035 年实现生态环境根本好转，美丽中国目标基本实现，到 21 世纪中叶生态文明将全面提升。

三大地区是我国开放程度最高、发展基础最好、综合实力最强和最具国际竞争力的地区。深圳经济特区、上海浦东新区、河北雄安新区等具有全国意义的新区战略，进一步提升了三大地区在改革开放和现代化建设全局中的战略地位。三大地区在社会经济快速发展的过程中，付出了巨大的环境代价，成为我国发展与保护矛盾最突出、生态环境短板制约最凸显的地区。2015 年环境保护部启动了三大地区战略环境评价工作，范围包括北京、天津、河北、上海、江苏、浙江、广东 7 个省（自治区、直辖市），涵盖京津冀、长三角、珠三角三大城市群，涉及海河、长江、珠江三大流域，涵盖总面积 61.1 万平方千米，占中国国土面积的 6.4%。

三大地区战略环境评价首次尝试将"三线一单"纳入工作范围，强化了空间、总量和准入环境管控。"严格空间管制、严格总量管控、严格环境准入"成为三大地区生态环境保护方案的重要组成部分，为"三线一单"工作在大区域的实践做出了尝试。以"京津冀地区战略环境评价"为例，其建立了"山水林田湖"格局的生态保护空间体系，维持了区域生态安全格局。战略环境评价将浑善达克沙地防风固沙区、西北部生态涵养区、燕山—太行山水源涵养与土壤保持区等生态功能区，永定河、潮白河、大清河、滦河、南北运河等河流廊道，以及白洋淀、南北港、衡水湖、环首都国家公园体系等重要湿地划为生态保护空间；核算区域污染物允许排放量，其中，大气环境以地级市为基本控制单元，水环境以子流域为基本控制单元，分别核算其允许排放量和允许入河量，并制定相应污染物减排路径；仍以地级市或子流域作为基本控制单元，核算区域资源能源消费总量要求。结合以上关于空间、资源能源与排放的分析结果，编制区域基于空间单元的负面清单，针对重点河流汇水区、水资源超载区、大气环境超标区及人口集聚区制定环境准入要求，明确其空间范围；根据污染排放贡献，针对主要污染行业提出规模限定及退出机制；针对产业园区制定钢铁、石化、火电、化工等重点行业的效率准入要求及推荐的技术清单。

五、小结

在经过四轮大区域战略环境评价后，大区域战略环境评价已经在实践过程中探索出了一条行之有效的道路，并在历次工作中都基于前次工作进行了不同程度的深化与创新。无论是理论体系，还是技术方法，大区域战略环境评价都形成了自己的框架体系，但是其与具体的城市发展或建设项目还缺少动态、有机联系，为此地市级战略环境评价应运而生。2015 年环境保护部、江苏省环境保护厅、连云港市政府组织开展了首个地市级战略环境评价工作。这次战略环境评价工作为地市级战略环境评价开了先河,并进一步探索了地市级"三线一单"工作。

第二节　"三线一单"实践

自中部地区发展战略环境评价起,综合环境管控单元、空间环境管控、国土空间精细化管理等概念逐渐在实际工作中萌芽,在项目设计阶段有了相应构想,在后续实践工作中做出了有效探索。到三大地区战略环境评价时期,作为战略环境评价的重要组成部分,"三线一单"首次在实际工作中付诸实践。

一、京津冀地区战略环境评价中的"三线一单"实践

京津冀地区是我国社会经济发展程度较高、较具国际竞争力的地区,也是国家区域发展战略的重要指向区。随着京津冀世界级城镇群建设和京津冀协同发展等重大战略的实施,京津冀地区社会经济发展与资源环境的矛盾进一步凸显,区域战略环境评价将成为探索区域生态文明建设和绿色发展道路、促进社会经济与环境可持续发展的必要手段。

随着京津冀地区战略环境评价项目深入展开,"三线一单"工作也在逐渐探索,相关工作的脉络逐渐从模糊到清晰。战略环境评价初期,"三线一单"概念尚不明晰,仍从"空间红线""总量红线""环境准入红线"三个维度设计;在经过专家反复论证、工作人员多次实践后,逐渐确立"三线一单"环境管控要求的概念体系。

京津冀地区生态环境保护具有战略性、阶段性和艰巨性的特点，未来将长期处于环境质量改善攻坚阶段，实现目标有很大的不确定性。因此，"三线一单"工作应深化环境调控措施，促进区域绿色转型发展；综合区域生态红线、环境质量和人居安全的空间管控体系，提出基于环境质量的总量管控与减排路径，控制资源利用的规模和效率，以及区域、行业和技术水平的环境准入要求。

京津冀地区严守空间管控红线，包括生态保护空间及环境控制分区两个部分；建立生态保护空间体系，维持区域生态安全格局。根据京津冀地区在全国范围的生态服务功能定位，将区域重要生态服务功能区（包括浑善达克沙地防风固沙区、西北部生态涵养区、燕山—太行山水源涵养与土壤保持区）、生态敏感区/脆弱区（包括重要河流廊道及湖泊，如永定河、潮白河、大清河、滦河、南北运河等），以及白洋淀、南北港、衡水湖等纳入区域生态保护空间管控范围。划定环境控制分区，治理改善重点控制单元。划定大气环境、水环境污染控制分区，明确不同分区（不同流域和环境控制单元）阶段性控制目标和管控要求。明确人居安全控制分区，保障人居安全水平。京津冀地区人居安全重点管控区集中在京津廊保及各地级以上城市人口集聚区；人居安全严格治理区包括环首都地区、冀中南城市群及区域内各主要城镇规划区；人居安全风险防控区包括区域内产业混杂及工业集聚区。在明确京津冀地区各类分区范围之后，须进行区域综合空间管控方案划定，最终形成以区县为最小控制单元的生态保护空间、环境质量管控区、人居安全管控区等类别（海岸线需要考虑海岸线空间管控方案），实现区域分级分类管控的空间方案。

在空间管控方案基础之上，应严格控制环境质量底线及资源利用上线。为确保区域大气环境及水环境质量改善，核算区域基于环境目标的、分阶段的环境容量。在核查区域大气环境及水环境污染物排放格局的情况下，提出各环境控制单元的大气环境及水环境污染物允许排放量，以及污染减排强化措施。在核算过程中，大气环境以地级市为最小控制单元，水环境以子流域为最小控制单元；另外，水环境污染物允许排放量必须转化到陆地上。

针对京津冀地区水资源利用特征，在保障各子流域基本生态用水的基础上提出各环境控制单元用水总量上线，并明确其中的地下水用量上线。根据京津冀地区大气环境质量目标及能源利用特征，提出各控制单元能源利用上线及清洁能源比例。

编制生态环境准入清单。实施基于空间单元的清单管理，建立区域行业生态环境准入清单管理体系。例如，在京津冀大气传输通道地区禁止新建、扩建大气污染严重的火电、钢铁、冶炼、水泥、平板玻璃、石化项目；在京津冀水资源短缺最严峻的衡水、邯郸，除等量替换外，禁止新增耗水量大的火电、钢铁、化工、造纸、纺织、有色金属等行业。建立严格的产业园区环境准入要求，制定重点行业淘汰落后和准入负面清单。根据污染排放贡献和区域资源环境现状，针对各主要污染行业提出限定规模及退出机制。对京津冀地区排污重点行业，如电力、钢铁、建材、造纸、皮革等，提出资源效率准入要求。

作为大区域的"三线一单"工作，在编制过程中空间管控方案控制单元以市、区县或子流域为基本单元。针对区域生态环境问题提出的各类管控措施、总量上线及减排路径要均以基本控制单元为空间基础。

二、地市级"三线一单"实践

在原环境保护部环境影响评价司的指导和组织下，环境规划院与评估中心牵头承担"三线一单"技术规范的研究、编制工作，同时依托战略环评和环境规划，在连云港、济南、鄂尔多斯、承德开展"三线一单"

试点，分别由清华大学、环境规划院、评估中心、北京师范大学承担技术支持工作。四家单位通力合作，于 2017 年 1 月 22 日、5 月 11 日、6 月 20 日召开三次专家咨询会，并经过多轮集中研讨，形成了《"三线一单"技术规范（初稿）》《"三线一单"操作指南（初稿）》，并深入开展案例集的研究编制工作。2017 年 6 月 7 日，时任环境保护部副部长黄润秋在连云港主持召开了"三线一单"现场会，听取了连云港、济南和鄂尔多斯"三线一单"进展与成果汇报。黄润秋副部长发表了重要讲话，要求做好"三线一单"试点工作，为地方政府提供支持，加快技术规范与案例集的研究编制。与大区域"三线一单"编制工作不同，地市级"三线一单"编制工作涉及范围小，生态环境问题较具体，划分的管控单元相对更细致，管控措施更具体。

1. 连云港

连云港战略环境评价是生态环境部组织开展的第一个地级市战略环评试点，它是长三角一体化、东中西区域合作等国家战略的重点区域，也是"一带一路"倡议的重要节点。战略环评试点在工作过程中与地方发展改革、国土资源、城乡建设等规划编制相关部门高效互动，为相关规划编制提供了科学依据。战略环评工作在空间环境管理理论和实践、环境管理与大数据平台有机结合、区域污染物总量动态管理机制探索等方面取得了实质性进展。同时，它也是"三线一单"应用于空间管控，以生态环境保护优化社会经济发展战略的一次成功尝试，为地级市战略环评提供了值得借鉴的技术方法，具有创新性和示范作用。相关成果可以作为社会经济发展战略制定、"多规合一"等工作的重要依据。

连云港战略环评实践了空间环境管理，这是环境保护参与"多规合一"的基础底图；将环境管理与大数据平台进行融合，建立了基于大数据的空间精细化环境管理平台；探索了区域污染物总量动态管理机制；

编制生态环境准入清单，制定基于空间控制单元的环境准入管理制度。

评价连云港的生态现状，在对生态系统进行系统评估的基础上，衔接现行生态保护红线，构建生态空间分类分级体系，划定生态空间红线和生态保护红线。

分析《水污染防治行动计划》（简称"水十条"）《大气污染防治行动计划》（简称"气十条"）、江苏省《生态环境标准体系建设实施方案（2018—2022年）》《重点流域水污染防治规划（2016—2020年）》及连云港市相关环境达标方案等，确定水环境、大气环境与土壤环境质量改善目标；分析水环境、大气环境现状，编制全口径污染源排放清单，识别主要污染源，建立环境质量与污染物排放之间的输入—响应关系。水环境评价单元以地市级二级子流域为主，并与国家和省级环境控制单元相衔接；大气环境评价划分为3千米×3千米网格作为环境模拟单元。确定总量管控的主要污染物，测算基本控制单元内主要污染物允许排放量。制定主要污染物排放量管控方案，包括存量源减排潜力核算、新增源排放量和准入标准核算，最终确定基本控制单元固定源主要污染物排放量管控方案。

以连云港生态系统功能维护、环境质量改善为约束，结合相关政策、规划，综合确定区域资源开发利用和保护目标，包括利用结构、强度等要求。水资源考虑在水生态、水环境约束下的生态用水量和非常规水资源的利用比例；能源考虑在大气环境质量目标约束下的煤炭利用量和结构，以及清洁能源的利用比例。

综合以上各类空间管理要求，划定以乡镇、街道、工业园区为基础的环境管控单元，包括污染排放集中区、污染扩散不利区、污染受体敏感区，以及禁燃区、禁养区等。确定环境管控单元名称与管控要求，明确生态环境准入清单。

2. 济南

以济南为例，梳理城市生态保护红线成果。在 2016 年山东颁布的生态保护红线方案中，济南的生态保护红线面积为 509.91 平方千米。根据济南的生态环境特点，与《全国生态功能区划》《全国生态脆弱区保护规划纲要》等对接，识别济南生态功能重要区（水源涵养、水土保持、防风固沙）和生态环境敏感区（水土流失、土地沙化），并梳理济南已有的禁止开发区、法定保护区及其他重要生态保护区（如城市总规划中的蓝线、绿线等），完善济南生态保护红线。

基于济南 1∶10000 基础底图数据，建立 1 千米×1 千米的大气评价网格。识别大气环境源头敏感区、大气聚集脆弱区、大气环境受体重要区，综合筛选大气环境重点保护及治理区，并制定相应区域管控要求。承接国家《水污染防治行动计划》确定的济南 9 个水环境控制单元，并以小流域边界作为水环境评价单元。筛选水源保护区、水源涵养、水环境污染治理区作为水环境重点保护及治理单元，并提出各类控制单元管控要求。除大气环境和水环境外，依据《污染地块土壤环境管理办法》，重点管控土壤环境疑似污染地块（临近基本农田或饮用水源保护区），提出管控要求或修复措施。综合生态保护红线、各类环境重点保护及治理区（大气环境、水环境、土壤环境等）筛选结果，衔接行政边界并以乡镇作为控制单元，划定空间管控方案。

根据济南大气环境和水环境质量目标要求，核算分阶段环境容量。在明确全口径大气环境、水环境污染排放源基础上，考虑当前排污格局，合理确定大气环境和水环境污染物允许排放量。在核算过程中，大气环境以 1 千米×1 千米网格为最小单元，水环境以小流域为最小单元。

基于保障人群及生态环境安全的要求，提出济南土地、水、煤炭消耗上线。由于济南泉水众多，须明确地下水禁采区、限采区，并提出泉水核心保护区、强渗漏带、泉水一般补给区的地下水开采总量要求。

济南生态环境准入清单的制定叠合了工业园区,衔接了国家、省级政府、市级政府已有环境准入要求,综合确定项目准入、开发建设行为、排污总量、资源利用等方面的要求,最终建立了完善的生态环境准入清单。

3. 鄂尔多斯

在鄂尔多斯"三线一单"编制过程中,所有工作都考虑了其地理区位及所处生态功能区。鄂尔多斯处于北方防沙带南侧、黄土高原—川滇生态屏障北端,周边为沙漠沙地防治区和水土保持区,南部有毛乌素沙漠,北部有乌兰布和沙漠、库布齐沙漠,处于西北路、北路、北偏东路沙尘路径加强地带。因此,在生态保护红线、环境质量底线、资源利用上线划定过程中,一方面要承接鄂尔多斯已有的成果及国家标准、规划文件等,另一方面要充分考虑其生态功能定位,针对其独特区位进行"三线一单"编制工作,使其生态环境管控要求在时间上能够持续,并且与社会经济发展协调一致。

三、小结

"三线一单"作为战略环评工作落地实施的重要手段,在不同区域尺度上需要不同的技术方法和手段。在不同区域尺度的"三线一单"编制过程中,空间管控单元尺度、生态功能定位的研判、环境质量目标的确定、管控措施要求筛选等均有不同侧重,本书后几章将以连云港战略环境评价与"三线一单"工作为案例,对地市级战略环评与"三线一单"编制工作进行具体说明。

第四章 连云港战略环境评价与"三线一单"工作概述

连云港战略环境评价与"三线一单"工作是我国第一个地市级战略环评试点和第一批"三线一单"试点,本章简要介绍连云港战略环境评价与"三线一单"工作背景、工作历程和主要工作成果。

第一节 工作背景

连云港是全国首批沿海开放城市之一,是长三角一体化、东中西区域合作等国家战略的重要区域,也是"一带一路"倡议的重要节点,是国家部署的七大石化基地之一,面临良好的发展机遇。

目前,连云港经济发展水平与江苏省及周边区域相比相对滞后,发展方式较为粗放。连云港整体处于工业化中期阶段,在淮河流域城市、沿海开放城市、省内城市中均处于中下游水平。2014 年,连云港人均 GDP

和城镇化率分别低于江苏省小康标准 51% 和 12%,与全国平均水平基本持平。钢铁、化工、石化等占工业产值比重近 40%,重工业化特征明显。资源环境效率水平低,单位 GDP 能耗、水耗分别为江苏省平均水平的 1.8 倍、1.9 倍,主要大气、水污染物排放强度分别为苏南地区的 1.3～2.4 倍、5.0～7.3 倍。产业规模化、集约化水平不高,工业企业以小型企业为主,小微型企业数量占企业总数量的 91.4%,产值占全市工业产值的 43%。2011—2014 年,连云港 13 个主要工业集聚区(27 个工业园区)产值占连云港产值比重由 82% 降至 74%。工业发展水平不高,两灌、赣榆地区集聚大量的小化工、小钢铁企业,局部污染问题突出。港产城布局混杂,主港区与城区发展空间冲突较为明显,城区周边分布了多家化工、医药企业。

近年来,连云港社会经济发展与区域资源环境的矛盾日益凸显。连云港地处温带—亚热带过渡带,跨区域传输明显,PM2.5 外地源贡献占38.5%。连云港位于沂沭泗水系最下游,主要河流受闸坝控制,生态用水不足,水体纳污能力有限,汛期跨界断面 38.5% 超标。连岛、埒子口等近岸海域污染扩散条件不利,入境河流无机氮通量约占无机氮入海总通量的 66%。大气复合型污染特征日益突出,2015 年环境大气质量达标率为 71.2%,PM2.5 年均浓度为 55 微克/立方米,O_3 超标小时数为 300 小时左右。地表水水质达标率为 69.8%,仍有 28.1% 的地表水为劣 V 类。近岸海域无机氮超标严重,功能区水质达标率为 50%。重要生态用地面积减少,2005—2014 年沿海湿地面积减少约 13%。

连云港生态环境质量改善面临较大挑战。如果延续现有发展模式,2020 年连云港能源消耗将增长 1 倍,水资源需求量将增长 10%,主要大气污染物排放量将超过环境容量的 40% 左右,生态环境质量将难以改善。

开展连云港战略环境评价试点和"三线一单"试点生态环境部在市域范围内探索战略环评落地方法的有益尝试,对于厘清连云港在"十三五"时期及未来发展中的战略定位和优化转型方向，推动形成以环境质量改善为目标的社会经济发展模式、强化环境管理等具有积极意义。

第二节　工作历程

连云港战略环境评价工作于 2015 年 9 月正式启动，由清华大学战略环境评价研究中心牵头，联合北京清控人居环境研究院有限公司、江苏省环境科学研究院、交通运输部规划研究院、连云港市环境保护科学研究所、西安绿创电子科技有限公司等多家科研单位组成工作组。在一年时间里，工作组进行了四次集中现场调研，与国家发展改革委、规划局等规划编制部门和技术单位进行了四次工作对接，与石化基地规划环评单位和港区规划环评单位进行了五次工作对接，开展了技术研讨会、专家咨询会、工作汇报等各类规模研讨会二十余次，广泛征求了连云港各区县政府和相关职能部门的意见和建议。2015 年 12 月，成果通过环境保护部组织的技术方案专家论证，2016 年 8 月，成果通过环境保护部组织的专家评审。连云港战略环境评价项目工作历程如图 4-1 所示。

2017 年 1—4 月，环境保护部组建了以环境保护部环境规划院、环境保护部环境工程评估中心、清华大学、北京师范大学等为主的专家技术团队，在连云港、鄂尔多斯、济南、承德战略环评或环境规划等相关工作基础上，开展"三线一单"试点工作方案和"三线一单"编制技术框架的编制。2017 年 5 月，环境保护部副部长黄润秋在北京主持召开"三线一单"试点工作启动会。2017 年 6 月，环境保护部印发了《关于印发〈"三线一单"试点工作方案〉的通知》（环办环评函〔2017〕894 号）。2017 年 8 月，连云港印发《市政府办公室关于印发〈连云港市战略环评成果落地"三线一单"试点工作实施方案〉的通知》（连政办发〔2017〕112号），推进战略环评成果应用转化。2017 年下半年，连云港相继印发"三线一单"管控相关制度文件，并建成了"三线一单"环境管理平台。2017 年 12 月，环境保护部印发《"三线一单"编制技术指南》（环办函〔2017〕99 号），各试点城市完成"三线一单"试点工作总结。

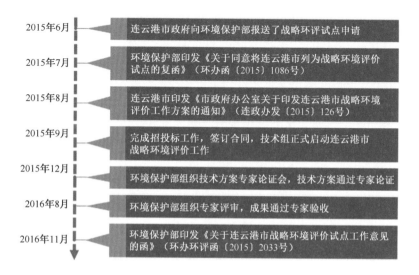

图 4-1　连云港战略环境评价项目工作历程

第三节　主要成果

连云港战略环境评价和"三线一单"试点工作，第一次在地市级战略环评中全面划定"三线一单"，并实现了战略环评成果的有效转化和应用。

一、形成生态环境管理底图

基于连云港战略环境评价成果,梳理空间管制的关键生态环境管理底图,包括生态保护红线和生态岸线图等,对现有生态保护红线进行了修改调整,补充了一些重要生态功能区。依据《环境保护部关于印发〈生态保护红线划定指南〉的通知》(环办生态〔2017〕48 号),连云港委托测绘机构开展生态保护红线和生态岸线测绘,目前已经完成生态保护红线矢量化工作。

将生态保护红线、生态岸线、环境管控单元制定成《连云港市生态环境管理底图》,明确了生态保护红线及基于空间的差异化环境管理要求,对连云港城市总体规划、土地利用总体规划、产业发展规划等的编制发挥着基础性作用,作为环境保护参与"多规合一"的重要底图和依据,已由连云港市政府发布实施。

二、基于环境质量底线编制、实施环境质量改善达标规划

基于战略环评环境质量底线和允许排放量研究成果,按照环境质量"只能改善,不能恶化"的原则,制定和印发了《连云港市环境质量底线管理办法(试行)》,明确环境质量管控目标及小流域、子区域的主要污染物允许排放量,编制并组织实施了一系列规划和整治方案;编制了《连云港市空气质量达标规划》《连云港市"十三五"大气污染防治工作计划》,指导未来连云港环境大气质量改善达标工作;编制了《连云港市地表水

不达标考核断面水质达标方案》《近岸海域水污染防治方案》《城市黑臭水体整治实施方案》等水环境质量改善系列方案。

上述规划和方案的实施对大气和水污染防治发挥了积极作用，环境质量明显改善。截至 2017 年 12 月 24 日，连云港空气优良率达 79.9%，排名江苏省第一。连云港各项主要污染物浓度也显著下降，其中，PM2.5 浓度为 44.6 微克/立方米，与 2013 年同期相比下降 31.5%，与 2016 年同期相比下降 3.7%。

2017 年，在连云港 6 个国考断面中，新村桥、临洪闸、善后河闸、沭南闸、灌河大桥五个断面 1—12 月水质平均值满足Ⅲ类水质要求；盐河桥断面 2017 年第 4 季度水质消除了劣Ⅴ类，水质达到Ⅳ类。国考断面优Ⅲ类比例为 83.3%，较 2016 年增加 16.7%；灌河大桥断面水质由Ⅳ类提升为Ⅲ类。另外，公路桥、磕关桥断面水质由劣Ⅴ类分别提升为Ⅴ类、Ⅳ类。

三、协调建立资源利用上线管控制度

基于战略环评水资源、能源等资源利用上线研究成果，主动协调发展改革相关部门、水利局、国土资源局等的资源利用上线管理要求，出台《连云港市资源利用上线管理办法（试行）》，完善行业管理部门主导、多部门协同工作的资源利用上线管控制度。在规划和项目管理过程中，体现资源总量和强度"双管控"的要求，并具体落实到项目准入中。

协调连云港市政府有关部门制定并实施了《连云港市"十三五"水资源消耗总量和强度双控制行动实施方案》（连水资组〔2017〕6 号）、《连云港市 2020 年和 2030 年全市实行最严格水资源管理制度控制指标的通知》（连水资办〔2017〕3 号）、《连云港市削减煤炭消费总量专项行动实施方案》等政策，严格落实资源利用上线管控要求。

四、发布实施基于环境管控单元的生态环境准入清单制度

基于战略环评空间管制红线、环境准入红线和生态环境准入清单等研究成果，出台《连云港市基于空间控制单元的环境准入制度及负面清单管理办法（试行）》，以主体功能区实施规划中的乡镇街道为基础，划定 22 类 284 个环境控制单元，根据不同单元的社会经济特征和环境质量目标，提出精细化的环境准入和管控要求，以作为连云港产业发展、项目准入、环境管理等的基础依据。

针对连云港化工企业较多的特点，连云港市发展改革局、工信部门、环境保护部门共同起草制定并印发了《连云港市化工产业环境准入管理负面清单（2017 年本）》，对连云港化工行业提出了总体控制要求，按照严于国家相关政策和标准、新增污染物减量替代的原则，设置了禁止类、限制类项目门槛。另外，对连云港化学工业园和灌云临港产业园提出更严格的管控要求。

五、建设部署战略环评与"三线一单"环境管理平台

以建设项目环评智能审批平台为主线，以建立生态环境智能监管平台为协同，建立生态环境大数据综合管理平台。生态环境大数据综合管理平台包括一个数据库、一张环保 GIS 图、一个专题分析系统、一个综合查询平台，将战略环评与"三线一单"成果和环境保护业务工作紧密结合，实现了对新建建设项目的智能审批，对环境质量的动态校核和实时监控，从而使环境管理智慧化。落实战略环评和"三线一单"管控要

求，整合环境保护各项业务工作，覆盖生态环境质量信息公开、污染源监管数据发布、排放总量及许可证管理、项目环评、监察执法等业务。

目前，连云港生态环境大数据综合管理平台已投入试运行，"三线一单"基本管控要求有效嵌入项目审批系统，实现建设项目环评审批智能化、自动化、科学化和"不见面"审批，完成了对连云港建设项目从企业申请到受理、审批、公示、统计、分析、地图可视化等全业务流程的管理，并在审批会商环节提供生态保护空间管控、环境质量空间管控、人居安全空间管控、环境准入管控、总量指标管控、负面清单和优化行业布局 7 个方面的智能审批支持，基本实现战略环评和"三线一单"成果落地应用的业务化管理要求。

第五章
总体技术框架

连云港战略环境评价与"三线一单"探索了地市级战略环评与"三线一单"环境管控方法体系，提出了连云港从战略源头污染防治和生态破坏的发展调控与环境保护的战略对策，以及国土空间环境管控方案，并发布了系列落地实施政策。第五～十章将以连云港战略环境评价与"三线一单"试点工作为案例，系统介绍地市级战略环评与"三线一单"工作的总体技术框架、具体工作内容和方法，以及系统管理平台的主要功能和实现技术。

第一节　工作目标与评价范围

一、工作目标

战略环评的最终目标是保护生态环境，促进可持续发展。对于不同城市，需要结合城市发展特征和环境质量目标，以及需要解决的社会经济发展与环境保护的战略问题，确定具体的工作目标。

连云港战略环评工作目标为：深入贯彻生态文明理念，以生态环境质量改善为核心任务，按照"空间红线优布局、总量红线调结构、环境准入促升级"的总体思路，优化国土空间开发格局，引导社会经济绿色发展，促进环境管理体制机制创新，为城镇、港口、工业园区等空间规划及重点产业发展等重大战略决策提供支撑。

二、评价范围与时限

1. 评价范围

评价范围一般包括地级市的整个行政区范围。对于不同环境要素，可以根据可能影响的区域，结合空间单元的完整性，适当扩展评价范围。

连云港战略环评范围为连云港行政区划，包括 3 个市辖区（海州区、连云区、赣榆区）和 3 个县级行政区（东海县、灌云县、灌南县），陆域面积 7615 平方千米，领海基线以内管辖海域面积 6677 平方千米。大气环境评价考虑山东、河南、安徽、上海、江苏等地区对其区域传输影响；水环境评价考虑日照、临沂、徐州、宿迁、淮安、盐城等地区的跨界影响；海洋评价范围涵盖连云港整个管辖海域。

2. 评价时限

评价时限一般包括评价基准年、评价回溯年、评价近期、评价远期。根据实际需求，可增加评价中期、评价远景。

连云港战略环评以 2014 年为基准年，回顾性评价回溯至 2005 年；近期评价到 2020 年，远期评价到 2030 年。

第二节　工作内容与思路

一、重点工作内容

1. 发展现状特征与关键问题分析

研究评价地市生态系统、资源利用、环境质量的现状特征和历史变化趋势，识别生态环境的关键问题和时空分布特征，分析社会经济发展和资源环境的耦合关系，辨识生态环境关键问题产生的主要机制。

2. 发展战略分析与战略情景设计

梳理国家和区域重大发展战略和相关规划，分析评价地市在区域的功能定位；研究与评价地市发展特征相似的区域，研究可能的发展模式，结合评价地市自身发展趋势和战略定位，设定可能的发展战略情景。发展战略情景时间维度包括各评价期，空间维度包括全市、各区县、重点工业集聚区和人口集聚区，具体内容包括社会经济发展的规模、结构、布局等关键特征。各发展战略情景均应实现社会经济发展的基本目标。

3. 环境影响预测与风险评估

基于发展战略情景，考虑产业结构调整、能源结构调整、基础设施建设、资源利用水平提升、污染控制水平提升等因素，分析评价期主要污染物减排潜力和新增源污染排放量，预测评价期资源能源供需状况、生态环境影响和风险，分析在生态环境质量改善目标约束下的社会经济发展方式和资源环境利用水平。

4."三线一单"环境管控方案

根据社会经济发展水平和资源环境禀赋特征，分析评价地市生态空间、资源能源可供给量、环境容量和主要污染物允许排放量及其空间分布特征，结合环境影响预测和风险评估，确定评价地市生态保护红线（沿海地区包括海洋、陆地和岸线）、在环境质量改善目标下主要污染物的允许排放量、资源利用总量、结构和效率管控要求，划定环境管控单元，明确基于环境管控单元的差异化空间准入、资源利用、污染排放、风险防控等管控要求。

5. 发展调控与对策建议

落实国家和区域重大发展战略，推进产业升级转型和绿色发展，提出社会经济发展的战略方向、国土空间发展格局、产业发展结构、重点人口集聚区和工业集聚区发展引导等对策建议。

以生态环境质量改善为核心，以"三线一单"环境管控为指导，提出生态系统保护和恢复策略，构建大气环境、水系统、海洋、土壤环境保护和污染防治策略，明确生态环境保护的总体目标、重点区域、关键领域和重点任务。

以保障战略环评成果落地为目标，以推进"三线一单"管控落地为核心，围绕生态红线制度、总量管理制度、差别化环境准入制度、环评联动、区域协调与联防联控、环境监管和预警应急能力、智能管理等方面，提出机制完善建议和保障措施。

二、评价思路与技术路线

"三线一单"是战略环评的主要产出成果，是战略环评成果落地的重要抓手。战略环评的评价思路为：以"三线一单"为主线，从生态环保目标和区域发展战略出发，确定生态空间和资源环境承载力，以生态环境影响和风险评估为依据，划定生态保护红线、环境质量底线和资源利用上线，核算区域污染物允许排放量与资源能源利用量，划定环境管控单元，明确各环境管控单元的生态环境准入清单，为社会经济发展路径选择提供战略支撑。

战略环境评价技术路线如图 5-1 所示。

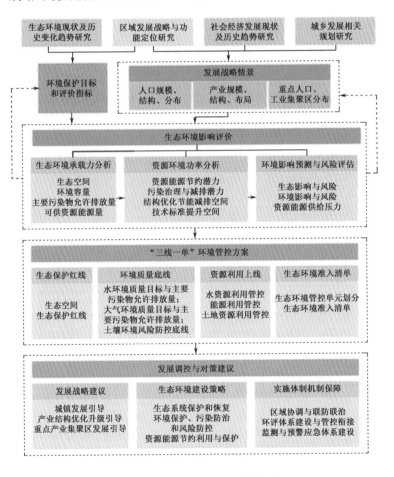

图 5-1　战略环境评价技术路线

第三节　环境保护目标与评价指标

一、环境保护目标

衔接国家、区域、省域和本行政区对环境质量优化和改善的要求，结合本行政区环境质量现状和改善潜力，确定有关环境质量改善、生态功能保护等方面的分阶段生态环境质量总体目标。

连云港环境保护总体目标为改善生态环境质量，促进资源高效利用，维护海陆生态安全。结合国家及江苏省对连云港生态环境保护的相关要求（见表5-1）和连云港实际情况，确定具体的环境保护目标指标。

2020年阶段目标为:陆域生态保护红线[①]面积占陆域面积比例达23%，生态岸线[②]比例占30%以上；PM2.5年均浓度下降到44微克/立方米；光化学污染频率降低；省考断面水质优良率达 72.7%以上，重要河流、湖泊、水库水环境功能区达标率为 90%，城乡河道基本消除黑臭，8 条主要入海河流消除劣Ⅴ类，集中式饮用水源地水质达标率为 100%；近岸海

_____

[①] 在连云港战略环境评价项目开展期间，生态保护红线划定按照《生态保护红线划定技术指南》（环发〔2015〕56 号）执行，对生态保护红线实施分级分类管控；与现行《生态保护红线划定指南》及生态空间略有差异。在连云港战略环境评价中的生态保护红线一级管控区可认为是现行生态保护红线，一级管控区和二级管控区可认为是现行生态空间。

[②] 生态岸线：自然的或修复后接近自然的、具有生态系统维护和生物多样性保护等生态功能的岸线，包括自然岸线、旅游岸线、生活岸线等，此处不含海岛岸线。

域水环境功能区水质达标率为 70%。

2030 年阶段目标为：陆域生态保护红线面积占陆域面积比例达 23% 以上，生态岸线比例达 30% 以上；PM2.5 年均浓度下降到 35 微克/立方米 以下；光化学污染频率降低；重要河流、湖泊、水库水环境功能区水质 达标率为 100%；近岸海域水环境功能区水质达标率为 80%。

表 5-1　国家和江苏省对连云港生态环境保护目标要求

文件名称	生态保护	大气环境	地表水环境	海洋环境
《"十三五"生态环境保护规划》"水十条""气十条""土十条"	—	2020 年 PM2.5 较 2015 年下降 20%，达 44 微克/立方米	2020 年七大重点流域水质优良率总体达 70% 以上；安全利用率达 90% 以上；2030 年七大重点流域水质优良率总体达 75%	2020 年近岸海域水质优良率为 70% 左右；安全利用率达 90% 以上；2030 年安全利用率达 95% 以上
《江苏省"十三五"生态环境保护规划》	陆域生态保护红线占陆域面积比例达 23%	2020 年 PM2.5 较 2015 年下降 20%，达 44 微克/立方米	省考断面水质优良率达 72.7% 以上	

二、评价指标体系

结合评价地市特点和生态环境现状，参考国家和地方相关标准和有 关研究，以表征环境质量状况、生态功能、资源管控和环境管理要求等 为目的，确定评价指标体系，评价指标应可量化、可比较。

根据生态环境质量改善目标和资源能源利用总量控制要求，确定连 云港生态保护、环境质量、资源利用三个方面的 10 个指标（见表 5-2）。

表 5-2　连云港战略环评指标体系

指标类型	指标名称	单　　位	2020 年	2030 年
生态保护	陆域生态保护红线面积占陆域面积比例	%	23	>23
	生态岸线比例	%	>30	>30
环境质量	集中式饮用水源水质达标率	%	100	100
	重要河流、湖泊、水库水环境功能区水质达标率	%	90	100
	近岸海域水环境功能区水质达标率	%	70	80
	PM2.5 年均浓度	微克/立方米	44	<35
资源利用	水资源利用总量	亿立方米	29.43	31.4
	单位工业增加值用水量	立方米/万元	18	12
	能源消耗总量	万吨标准煤	2100	3200
	煤炭消费比例	%	62	52

第四节　战略定位与情景

一、发展现状分析

分析评价地市城镇化和产业发展现状，识别经济社会发展的关键特征，为发展战略情景设计提供基础，为编制发展调控建议提供依据。

1. 总体发展水平

连云港经济整体处于工业化中期阶段，与江苏省内和周边区域相比发展相对滞后。2015 年，连云港 GDP 总量为 2160.6 亿元，占江苏省 GDP 总量的 3.1%；人均 GDP 为 4.8 万元，是江苏省人均 GDP 水平的 55%；

GDP 和人均 GDP 在江苏省地市中均排名第 12 位，在沿海 14 个开放城市中排名第 13 位；三次产业结构为 13.1：44.4：42.5。

2. 工业发展现状特征

连云港工业结构以重化工产业为主导，产业同构化较为突出。2014 年，连云港化工、钢铁、建材、石化、装备制造占工业产值比重约为 77%。连云港与徐州、盐城产业同构化系数分别为 0.82 和 0.79，与南通、淮安、宿迁产业同构化系数分别为 0.73、0.70、0.61。连云港仅东海县无化工企业布局，赣榆、经开区、灌云、灌南的化工行业产值占比分别为 15%、34%、28%、14%。

连云港工业等级不高，产城布局混杂，集约化水平有待加强。2014 年，连云港大型企业仅 23 家，小微型企业数量占企业总数量的 91.4%，小微型企业产值占连云港工业产值的 43%。连云港主要有 13 个重点工业集聚区，重点工业集聚区工业产值占连云港工业产值的比重为 87%。灌南、灌云、赣榆集聚了大量的小化工、小钢铁企业，局部污染问题突出。连云港城区被大浦—宋跳化工园、新浦开发区、海州开发区包围，城内仍零散布局了一些化工企业。

3. 城镇化发展现状特征

连云港人口布局相对分散，人口流失问题十分严峻。2015 年，连云港户籍人口为 530.5 万人，常住人口为 447.4 万人，平均人口密度为 587 人/平方千米，与淮河流域八个城市平均水平（575 人/平方千米）相当，但远低于江苏省平均水平（775 人/平方千米）。2015 年，连云港流失人口总量为 83.2 万人，占连云港户籍人口的 15.6%。

连云港城镇化建设快速推进，土地集约化水平有待提高。2015 年连云港城镇化率为 58.7%，较 2005 年增加近 20 个百分点，城市人口年均增速高于全国和江苏省增速。2014 年连云港辖区建设用地总面积为 188 平方千米，是 2005 年的 2.4 倍，年均增速为 10.3%；连云港人均建设用地面积为 169.3 平方米，是江苏省平均水平的 2.2 倍。

4. 港口发展现状特征

连云港港口物流发展迅速，集装箱优势较为明显。2014 年，连云港货物吞吐量达 2.1 亿吨，占全国港口货物吞吐总量的 1.9%，2000—2014 年货物吞吐量年均增长率为 17%；港口集装箱吞吐量达 500 万标箱，占全国港口集装箱吞吐量的 2.5%，2000—2014 年港口集装箱吞吐量年均增长率为 32%。在全国沿海主要港口中，连云港货物吞吐量排名第 12 位，港口集装箱吞吐量排名第 9 位。

连云港主港区与城区发展空间冲突逐渐显现。连云港主港区承担着大宗及液体散货、集装箱、杂货、客运、物流中心等多种功能。受陆域纵深小等因素限制，主港区内部功能区交叉布置，与城区相互影响较为严重，对城市交通、居住环境等造成一定干扰。随着港口后方城市、产业的集聚发展，主港区和城区互为掣肘的局面将进一步加剧。

二、战略定位分析

战略定位分析的主要目标是，梳理国家和区域重大发展战略和相关规划，分析评价地市在区域的功能定位。

通过梳理《全国主体功能区规划》《全国沿海港口布局规划》《石化产业规划布局方案》《长江三角洲地区区域规划》《江苏省主体功能区规划》《江苏沿海发展地区规划》《江苏省沿海开发总体规划》《国家东中西区域合作示范区建设总体方案》等国家和区域发展战略、规划，确定连云港是我国诸多重大战略的交汇处，是全国首批沿海开放城市之一，是"一带一路"倡议的交汇点，也是江苏沿海开发、长三角一体化、长江经济带、东中西区域合作示范区、国家创新型城市试点等战略的重要节点。另外，连云港是我国重要的综合交通枢纽、国家沿海重要的工业基地、产业创新发展区和产业转移承接区，是全国七大石化产业基地之一，是沿海与沿东陇海城镇带的重要增长极，是区域重要的农产品供应基地。

三、战略情景设计

研究与评价地市发展特征相似的区域，研究可能的发展模式，结合评价地市发展战略定位和相关规划、发展趋势、城镇与产业之间的相关性等，设计可能的发展战略情景，并将其作为环境影响预测和风险评估的基础，为编制发展调控对策建议提供支撑。

1. 发展案例借鉴

连云港是我国重要的港口城市。连云港坚持"以港兴市，港兴城荣"的发展路线，同时具有医药、旅游发展优势等特点。因此，选择宁波、青岛、鹿特丹为案例城市，并研究大健康产业发展特点和趋势，为连云港城市布局、港口发展、产业结构优化等发展提供支撑。通过分析得出如下结论：连云港需要优化产业结构，并立足自身、把握契机，发展优势产业，实施品牌战略；走大港战略，积极推进两翼港口建设，优化主港区功能，逐步开展退港还城工作；以优势医药制造业为核心，以开发区为中心，建设集健康制造、健康服务、生态旅游于一体的现代健康产业；坚持产业建设与环境保护协同开展，建设生态产业体系，保障连云港人居生态环境安全。

2. 战略情景设计步骤

综合考虑连云港发展形势、社会经济发展规律、发展战略定位和相关发展规划，参考国内外先发地区发展经验，构建包括经济发展总量、人口总量、城镇化布局、产业结构、产能布局、港口吞吐量、货种分布等要素的三个情景（见表5-3），分别为传统重化式（情景一）、升级优化式（情景二）、转型升级式（情景三），各情景存量按照现行严格环境管理要求减排，新增产能采用先进准入标准。

三个情景在情景目标、产业结构、产能布局等调控上存在递进关系。具体战略情景设计思路如下。

首先，以落实国家和区域发展战略目标为前提，设定经济发展总量。

其次，考虑区域经济贡献、规划导向、生态环境影响等因素，筛选重点行业，并依据经济效益、社会效益、资源效益、环境效益等评估指标对各行业发展优先度排序，设计各情景产业结构优化原则，并结合产业发展规律、投入产出模型、调控策略等，设定各行业产值增速和重点行业产能，依据各行业产能和增加值之间的关联，确定各情景产业结构、重点行业产能、增加值、重点产品产能等。

再次，结合重点工业集聚区发展现状、发展规律和发展战略等，按照港口和产业布局优化的思路，设定重点工业集聚区重点行业产能和重点产品产能，并校核各区县和连云港重点产业发展规模和经济发展总量。

最后，基于人口发展规律、就业指数等，结合产业发展情景，确定连云港及各区县人口规模和城镇化布局，以及重点人口集聚区的人口规模；并校核人均 GDP 与 GDP 总量等发展指标。

表 5-3　连云港战略情景设计

	传统重化式（情景一）	升级优化式（情景二）	转型升级式（情景三）
情景目标	实现江苏省小康社会和基本现代化。2020年GDP总量达4500亿元，2030年GDP总量达9750亿元	基本实现江苏省小康社会和基本现代化。2020年GDP总量达3500亿元，2030年GDP总量达7500亿元	
产业结构	"231"型产业结构，重点发展石化、化工、钢铁等主导工业。2020年和2030年三次产业结构分别为7∶49∶44和4∶48∶48	第二产业、第三产业并重，工业以石化、化工、钢铁、装备制造为主导。2020年和2030年三次产业结构分别为9∶46∶45和6∶46∶48	"321"产业结构，重点发展医药、石化、装备制造等工业，限制钢铁、基础化工、火电、建材发展；打造大健康、旅游、物流等特色服务业。2020年和2030年三次产业结构分别为9∶45∶46和6∶42∶52
重点行业产能（2030年）	石化：5000万吨；钢铁：3200万吨；电力：2018万千瓦，其煤电1180万千瓦	石化：4000万吨；钢铁：2100万吨；电力：1418万千瓦，其中煤电567万千瓦	石化：4000万吨；钢铁：1200万吨；电力：1152万千瓦，其中煤电301万千瓦
产能布局	一体两翼港口布局，13个工业集聚区，石化、钢铁混杂	一体两翼港口布局，13个工业集聚区，石化、钢铁分开布局	主港区功能疏解，板桥工业园并入徐圩；石化、钢铁分开布局；城区两高行业搬迁
发展速度	偏高，2020年增速达15%左右	经济稳步增长，增速与现状持平，2020年增速为10%左右，满足连云港"十三五"规划目标	
人口总量	人口总量和城镇化率高速增长，中心城区人口总量达250万～320万人	人口总量增长较快，中心城区集聚效应进一步加强，中心城区人口总量达240万～300万人	
城镇化布局	城镇化率快速提高，为2.0%～2.5%，连云区与海州区城镇化率达100%	城镇化率稳步推进，保持在1.5%～2.0%，连云区与海州区城镇化率达100%	
参考模式	宁波模式	青岛模式	绿色综合发展模式

第六章

生态环境现状评价

研究评价地市生态系统、环境质量、资源利用水平及历史变化趋势，识别生态环境的关键问题和时空分布特征，分析生态环境本底条件和资源禀赋特征，以及其与经济社会发展、资源环境的耦合关系，辨识关键问题产生的主要机制。

第一节 生态系统现状评价

生态系统现状评价是指，以生态系统完整性、稳定性等为目标，重点识别生态系统的结构和功能，明确重要生态系统及其变化情况，分析水土流失、沙漠化、土壤盐渍化等生态问题，分析生态空间的占用情况，并评估生态问题产生的主要原因，为生态保护红线和一般生态空间的确定，以及生态保护和生态恢复对策的编制提供支撑。

■ 一、生态系统结构及变化趋势

连云港生态系统主要由农田、城镇、湿地和森林等构成。其中，农田生态系统广泛分布，约占陆域面积的 53%；城镇生态系统约占陆域面积的 22%，主要分布在东部沿海湿地地区；湿地生态系统约占陆域面积的 21%，湿地类型丰富，西北丘陵地区主要为湖泊水库湿地，中部平原地区主要为河流湿地，东部沿海地区主要为滨海湿地；森林生态系统约占陆域面积的 4%，主要分布在西北丘陵地区和云台山区。

2004—2013 年，连云港农田面积和城镇面积持续扩张，森林面积和湿地面积逐渐缩减。2013 年，连云港农田面积较 2004 年增加约 91.1 平方千米，城镇面积增加约 145.5 平方千米；森林面积减少约 64.5 平方千米，湿地面积减少约 164 平方千米。

■ 二、生态系统功能及分布

连云港重要生态系统功能包括生物多样性保护、洪水调蓄、水源涵养和水土保持。生物多样性保护功能区主要分布在海州湾、云台山区、西北部大型水库、临洪口、埒子口、灌河口等重要河口湿地。洪水调蓄区主要分布在西北石梁河水库等重要湖库，以及新沂河、新沭河等重要区域性入海通道。水源涵养区和水土保持区主要分布在西北丘陵地区。

■ 三、关键生态问题及形成机制

围垦和围填海导致湿地面积减少、功能退化。1995—2005 年，连云港围垦湖泊面积达 100 平方千米，调蓄容积减少 2 亿立方米以上。2005
—2012 年，连云港约 40 平方千米的盐田抛填转为耕地和建设用地。截至
2012 年，连云港沿海围垦滩涂约 900 平方千米。2014 年连云港获批围填
海面积达 12.23 平方千米（见图 6-1）。

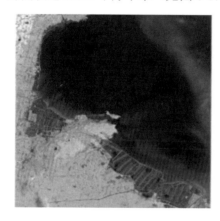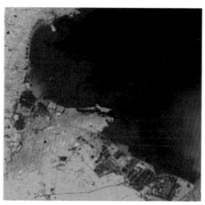

图 6-1　2005 年、2014 年连云港沿海盐田及滩涂湿地遥感影像对比

矿山开采和病虫害等导致云台山区森林植被退化。云台山区是区域生
物多样性保护的热点区域，近年来云台山区植被呈现退化状态，云台山区
植被指数最高值由 2005 年 4 月的 0.73 下降至 2014 年 4 月的 0.62。截至
2010 年，云台山区共有 90 个已开采矿山，其中，前云台山区有 48 个已开
采矿山，破损山体面积达 641.9 万平方米。自 1985 年以来，云台山区先后
发生了赤松毛虫、日本松干蚧、松材线虫病，导致大量松树死亡。

连云港自然岸线呈现减少趋势。连云港大陆标准海岸线总长 211.6
千米，其中，30 千米砂质岸线和 40 千米基岩岸线是江苏省独有的岸线类
型，主要分布在赣榆区和连云区。1985—2014 年连云港开发海岸线约 33.6
千米，其中利用基岩岸线 7.7 千米。目前，连云港岸线利用以港口、滩涂
养殖、工业、城市生活和海滨旅游为主，部分基岩岸线陡崖临海，呈现
自然状态。

受近岸工程影响，连云港海洋生物稳定性变差。连云港近岸海域生

物多样性指数基本处于江苏省平均水平，浮游植物、浮游动物、底栖动物种群稳定性变差。

连云港部分建设用地压占了其生态空间。2014 年连云港城市建设用地总面积为 188 平方千米，是 2003 年的 3 倍，其中，近 80 平方千米与重要生态空间存在空间冲突，10 余平方千米建设用地在云台山生态空间内。

第二节　环境质量现状评价

环境质量现状评价，重点评价大气、水、土壤环境质量现状及变化趋势，识别主要污染因子、特征污染因子及污染时空分布特征，以全口径污染源排放数据为基础，结合水文、气象条件和污染扩散特征分析，识别环境问题产生的主要原因，为污染减排分析和环境保护对策编制提供支撑。

一、大气环境质量现状评价

1. 环境空气质量现状及历史变化趋势

连云港大气环境质量整体现状为常规污染趋于改善，复合型污染问题凸显。连云港 SO_2 浓度自 2006 年以来呈现下降趋势，NO_2 浓度基本保持平稳（见图 6-2）。2014 年，连云港 SO_2、NO_2 浓度分别为 30 微克/立方米、35 微克/立方米，达到国家二级标准；PM10、PM2.5 浓度分别为 111 微克/立方米、61.2 微克/立方米，分别超过国家二级标准 59%、75%；连云港 O_3 浓度最大值为 360 微克/立方米，是国家二级标准（200

微克/立方米）的 1.8 倍；4—10 月 O₃ 平均浓度比 2013 年上升了 6.9%。
2014 年，连云港空气质量超标优良天数为 250 天（2015 年优良天数为
260 天），优良率为 69.4%（2015 年优良率为 71.2%），在超标天数中以
PM2.5 为首要污染物的天数最多，其次为以 PM10 和 O₃ 为主要污染物
的天数，表现出明显的复合型污染特征。从时间分布上看，11 月至次年
2 月 PM2.5 浓度最高，约为 3—10 月 PM2.5 浓度的 2 倍；夏季 O₃ 超标
问题突出，PM2.5 和 O₃ 呈现此消彼长的特征（见图 6-3）。从空间分布
上看，连云港 PM2.5 浓度空间分布差异较小，PM10 空间分布差异较大，
赣榆区 PM10 超标最为严重，其次为连云港市区，其余区县 PM10 年均
浓度均小于连云港市区。

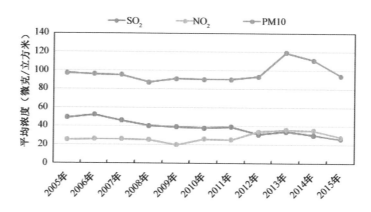

图 6-2　2005—2015 年连云港 SO₂、NO₂、PM10 年均浓度变化

2. 环境空气质量污染原因

连云港环境空气质量污染原因有如下几个方面。

（1）区域中长距离污染输送显著。根据 PM2.5 空间来源解析，2014
年外来输送对连云港 PM2.5 的贡献占比为 38.5%，其中，江苏省其他地
市传输贡献为 14%，山东省传输贡献为 8%，其余 16.5% 来自其他地区。

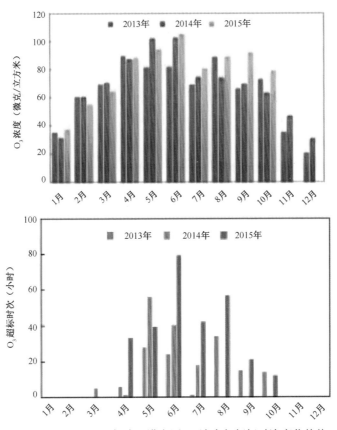

图 6-3　2013—2015 年连云港市区 O_3 浓度与超标时次变化趋势

（2）本市污染排放总量大。2014 年，连云港 SO_2、NOx、一次 PM2.5 排放量分别为 5.2 万吨、6.7 万吨、3.4 万吨（不含船舶），分别为环境容量的 2 倍、1.5 倍、2.1 倍，SO_2、NOx 排放量是环境统计量的 1.1 倍、1.5 倍。根据统计数据和排放系数评估，连云港 VOCs 排放量为 8.5 万吨。

（3）重化工业排放占比高。2014 年，连云港工业源 SO_2、NOx、一次 PM2.5、VOCs 排放量分别占连云港排放总量的 89%、67%、59%、56%。其中，钢铁、化工、电力行业的 SO_2、NOx、一次 PM2.5 排放量占工业排放总量的 80% 左右，化工、医药行业 VOCs 排放量约占工业排放总量的 50%。机动车 NOx 排放量占连云港 NOx 排放总量的 28%，船舶 NOx 排放量是机动车 NOx 排放量的 36.7%。

（4）污染排放强度高。1万元工业增加值对应的 SO_2 排放量为 6.7 千克（SO_2 排放强度为 6.7 千克/万元），居江苏省首位；NOx 排放强度为 3.9 千克/万元，居江苏省第 3 位。电力行业 SO_2、NOx 和烟粉尘的排放强度分别是苏南平均水平的 4.9 倍、7.7 倍和 3.2 倍。

二、地表水环境质量现状评价

1. 地表水环境质量现状及历史变化趋势

连云港地表水体水质呈现改善趋势，连云港市区和灌南、灌云地区污染仍然较严重。2015 年，连云港地表水体水质达标率为 69.8%（见图 6-4），较 2001 年增加 24 个百分点。地表水国控、省控、市控监测断面总体为中度污染。在 42 个国控、省控监测断面中，III 类以上水质断面占 45.2%，IV 类水质断面占 23.8%，劣 V 类水质断面占 28.6%；在 22 个市控监测断面中，III 类以上水质断面占 54.5%，IV 类水质断面占 18.2%，劣 V 类水质断面占 27.3%（见表 6-1）。

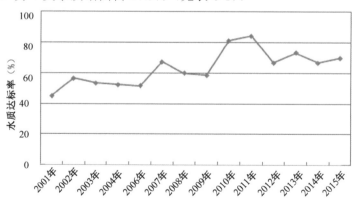

图 6-4　2001—2015 年连云港地表水体水质体达标率变化①

注：图 2005 年数据缺失，故图中未有体现。

───────────────
① 水环境质量现状及历史趋势数据来自历年《连云港市环境质量报告书》。

表 6-1　连云港市控以上监测断面水质现状（2015 年）

序号	断面名称	河流名称	考核县（市、区）	规划功能类别	水质现状	考核目标（2020 年）	是否超标	考核（控制）类别
1	新村桥	淮沭新河	连云港市区（海州区）/东海县	III	III	III	达标	国考、省考
2	临洪闸	蔷薇河	连云港市区（海州区）	III	III	III	达标	国考、省考
3	盐河桥	西盐大浦河	连云港市区（海州区）	IV（市标准V）	劣V	V	超标	国考、省考
4	善后河闸	古泊善后河	连云港市区（连云区）	III	III	III	达标	国考、省考
5	沭南闸	通榆河	连云港市区（海州区）	III	III	III	达标	国考、省考
6	灌河大桥	灌河	灌南县	III	IV	III	超标	国考、省考
7	陈港	灌河	响水县/灌南县	III	IV	III	超标	省考
8	刘口桥	通榆河	赣榆区	III	III	III	达标	省考
9	墩尚大桥	新沭河	赣榆区	III	III	III	达标	省考
10	塔山水库库区	塔山水库	赣榆区	II	II	III	达标	省考
11	欢墩南	石梁河水库	赣榆区	III	III	III	达标	省考
12	伊山北桥	盐河	灌云县	IV	IV	IV	达标	省考
13	碴头桥	盐河	连云港市区（海州区）	IV	劣V	IV	超标	省考
14	四队桥	车轴河	灌云县	III	III	III	达标	省考
15	水库东南	安峰水库	东海县	III	III	III	达标	省考
16	坝前	石梁河水库	东海县	III	III	III	达标	省考
17	浦西桥	石安河	东海县	IV	III	IV	达标	省考

续表

序号	断面名称	河流名称	考核县（市、区）	规划功能类别	水质现状	考核目标（2020年）	是否超标	考核（控制）类别
18	白塔桥	淮沭新河	东海县	III	III	III	达标	省考
19	武障河闸	南六塘河	灌南县	III	IV	IV	达标	省考
20	公路桥	大浦河调尾工程	连云港市区（开发区）	IV	劣V	V	超标	省考
21	蔷薇河地涵	通榆河	连云港市区（海州区）	III	III	III	达标	省考
22	南闸	盐河	灌南县	III	劣V	IV	超标	省考
23	烧香北闸	烧香河	市区（连云区）	IV	劣V	IV	超标	国考
24	大浦闸	大浦河	市区（开发区）	IV（市标准V）	劣V	消除劣V类	超标	国考
25	大板跳闸	排淡河	市区（连云区）	IV（市标准V）	劣V	消除劣V类	超标	国考
26	青口河节制闸（坝头桥）	青口河	赣榆区	IV	IV	IV	达标	国考
27	墩尚水漫桥	新沭河	赣榆区	III	III	III	达标	国考
28	海头大桥	龙王河	赣榆区	IV	IV	IV	达标	国考
29	204公路桥	沙旺河	赣榆区	V（市标准V）	IV	V	达标	国考
30	兴庄桥	兴庄河	赣榆区	IV	IV	IV	达标	国考
31	郑园桥	朱稽河	赣榆区	IV	IV	IV	达标	国考
32	范河桥	范河	赣榆区	III	III	III	达标	国考
33	新沂河海口控制工程	新沂河	灌云县	IV	劣V	消除劣V类	超标	国考
34	燕尾闸	五灌河	灌云县	IV	劣V	消除劣V类	超标	国考

续表

序号	断面名称	河流名称	考核县（市、区）	规划功能类别	水质现状	考核目标（2020年）	是否超标	考核（控制）类别
35	烧香河桥	烧香河	市区（连云区）	III	V	III	超标	省考
36	花果山桥	排淡河	市区（海州区）	IV	劣V	IV	超标	省考
37	红旗桥	西盐大浦河	市区（海州区）	III（市标准V）	劣V	消除劣V类	超标	省考
38	富安桥	鲁兰河	东海县	III	IV	III	超标	省考
39	孟曹埠涵洞	石梁河水库	赣榆县	III	III	III	达标	省考
40	北湖内	西双湖水库	东海县	II	III	II	超标	省考
41	东门河桥	东门五图河	灌云县	III	III	III	达标	省考
42	通灌北桥	龙尾河	市区（海州区）	IV	劣V	消除黑臭且较2014年有所改善	超标	国考
43	朝阳桥	盐河	连云港市区	IV（市标准V）	劣V	消除黑臭且较2014年有所改善	超标	市考
44	东方红大桥	盐河	灌云县	IV	IV	消除黑臭且较2014年有所改善	达标	市考
45	洪门大桥	蔷薇河	连云港市区	III	III	消除黑臭且较2014年有所改善	达标	市考
46	青口桥	青口河	赣榆区	III	III	消除黑臭且较2014年有所改善	达标	市考
47	人民桥	盐河	灌南县	IV（市标准V）	IV	消除黑臭且较2014年有所改善	达标	市考
48	新圩桥	蔷薇副河	连云港市区	III	III	消除黑臭且较2014年有所改善	达标	市考

序号	断面名称	河流名称	考核县（市、区）	规划功能类别	水质现状	考核目标（2020年）	是否超标	考核(控制)类别
49	振兴桥	石安河	东海县	IV	IV	消除黑臭且较2014年有所改善	达标	市考
50	水厂取水口	硕项湖	灌南县	III	III	III	达标	市考
51	市区水厂取水口	蔷薇湖	市区（海州区）	III	III	III	达标	市考
52	古泊善后河	善后河桥	市区（海州区）	III	III	III	达标	市考
53	马河	马河	东海县	III	III	III	达标	市控
54	民主河	民主河	东海县	III	III	III	达标	市考
55	乌龙河	乌龙河	东海县	IV	III	IV	达标	市考
56	振兴路桥	东海县玉带河	东海县	V	劣V	消除劣V类	超标	市考
57	西苑路桥	灌云县山前河	灌云县	V	劣V	消除劣V类	超标	市考
58		郑于大沟	灌南县	V	劣V	消除劣V类	超标	市考
59	盛世路桥	沙汪河	赣榆区	IV（市补偿考核标准）	III	IV	达标	市考
60	张湾桥	蔷薇河	东海县	III	IV（氟化物超标）	III	超标	市考
61	经十五桥	排淡河	市区（开发区）	IV（市补偿考核标准）	劣V	IV	超标	市考
62	盐河北闸	盐河	灌云县	III（市补偿考核标准）	III	III	达标	市考
63	仲集大桥	盐河	灌云县	III（市补偿考核标准）	III	III	达标	市考
64	海宁路桥	玉带河	市区（海州区）	IV（市补偿考核标准）	劣V	IV	超标	市考

2. 地表水污染原因

连云港地表水污染原因主要有如下方面。

（1）汛期跨界传输明显。2015年，在5个跨省入境断面中4个断面的地表水体水质为劣V类，在8个跨市入境断面中1个断面的地表水体水质为劣V类。跨界断面汛期水质超标率达38.5%，汛期COD、氨氮排放分别占用连云港水环境容量的14.6%、23.2%。2015年，跨界输入的

COD、氨氮量分别是连云港 COD、氨氮入河量的 2.1 倍、0.8 倍。

（2）本地固定源污染排放量大，工业源和生活源贡献高。2014 年，连云港 COD、氨氮排放量分别为 16.49 万吨、1.26 万吨，分别是环境统计的 1.6 倍、1.1 倍。连云港 COD、氨氮入河量分别是水环境容量的 0.6 倍、1.2 倍，连云港市区和灌南、灌云区超标小流域氨氮入河量分别是水环境容量的 4～19 倍和 2～5 倍。在连云港 COD 入河量中，城镇生活、工业 COD 入河量分别占 48.8%、14.1%；在连云港氨氮入河量中，城镇生活、工业氨氮入河量分别占 67.8%、18.9%。

（3）城镇生活污水处理率低，污水处理设施仍待完善。2014 年，连云港污水处理率仅为 47.3%。在连云港污水设计处理量中仅有 43% 执行一级 A 标准，在正常运行的污水处理厂，有 64% 的污水处理厂设计处理量执行二级标准。

（4）畜禽养殖污染治理水平有待提升。2014 年，连云港畜禽养殖 COD、总氮、总磷、氨氮去除率分别为 80%、51%、62.7%、57.5%，污染减排空间较大。2014 年连云港的养殖场中仅有不足 35% 设有防渗堆粪场。

（5）工业污染治理水平有待加强。2014 年，在连云港 316 家重点环统企业中，污染直排的企业比例达到 29.6%。连云港化工行业 COD、氨氮排放量占工业相应排放量的 44.6%、62.9%。

三、近岸海域环境质量现状评价

1. 近岸海域环境质量现状及历史变化趋势

连云港近岸海域水质趋差，工业区、航运区水质达标率低。2014 年，根据海洋与渔业局监测结果，连云港近岸海域符合Ⅰ类、Ⅱ类海水水质标准的面积占比为 52.7%；根据原环境保护局监测结果，连云港近岸海域符合Ⅰ类、Ⅱ类海水水质标准的面积占比为 28.6%，近岸海域水环境功能区水质达标率为 57.1%（见图 6-5）。连云港近海岸海域主要超标污染物为无机氮和活性磷酸盐，并且近年来浓度呈现上升趋势；主要超标区域为灌河口和临洪口周边。在各类海洋功能区中，工业与城镇用海区水质达标率为 0%，港口航运区水质达标率为 50%，农渔业区水质达标率为 55.6%，海洋保护区水质达标率为 56%，旅游休闲娱乐区、特殊利用区及保留区水质达标率均为 100%。

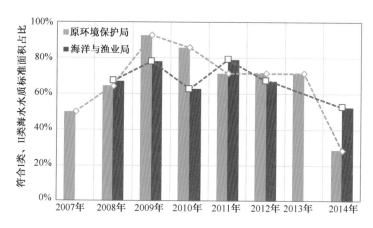

图 6-5　2007—2014 年连云港近岸海域符合Ⅰ类、Ⅱ类海水水质标准面积占比

2. 近岸海域环境污染原因

连云港近岸海域污染以陆源污染为主。其中，氮污染物的陆源比例达 98.3%，海洋水产养殖污染比例仅为 1.7%；磷污染物的陆源比例为 96.3%，海洋水产养殖污染比例为 3.7%。2014 年，15 个入海河流监测断面水质达标率仅为 66.7%，11 个直排入海排污口水质达标率仅为 70.5%。

另外，跨境污染输送显著。临洪口（大浦河、蔷薇河、新沭河、范河等河流入海口）和灌河口（新沂河、灌河、五灌河等河流入海口）是区域污染输送通道，磷入海量约占江苏省磷入海总量的 77.5%，氮氮入海量占江苏省氨氮入海总量的 53.5%。根据入境河流、入海河流水量和水质监测数据估算，入境河流无机氮通量约占入海河流无机氮通量的 66%。

■ 四、土壤环境质量现状评价

1. 土壤环境质量现状

2006 年，连云港土壤环境总体质量状况较好，优于Ⅱ类土壤比例占91.5%（见图 6-6）。土壤主要超标污染物为砷，部分点位存在汞、镍、铜、锌超标。连云港土壤主要超标区域分布在新沂河沿岸周边地区、工业区等，汞含量较高的区域主要分布在海州区和东海县，砷含量较高的区域主要分布在灌云县。连云港耕地总体处于清洁和尚清洁水平，中等及重污染区占比为 2.36%。

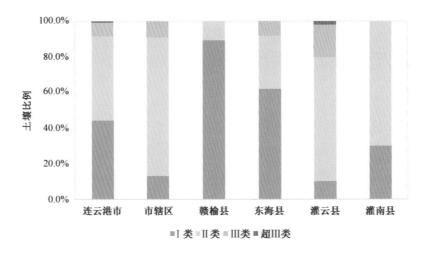

图 6-6　连云港市土壤环境质量分级

2. 土壤污染原因分析

工业三废是土壤中重金属的重要排放源。2014 年，连云港废水排放的重金属总量为 2192.7 千克，其中，铅的排放量最多，铬、砷、镉次之，主要排放区域为连云港市区、赣榆区和灌南县，主要排放行业为电池制造、化工、材料、电力和危险废物处理。2014 年，废气中含重金属污染物的企业主要为连云港华乐合金有限公司，年排放铬总量为 1440 千克。2014 年，连云港危险废物处理量为 5496.6 吨，危险废物产生量和处理量较多的是灌南县、连云港市区和灌云县，主要排放行业为化工、有色金属冶炼和电池制造。

据农业相关部门分析，连云港约 80%的土壤污染都是由于污水灌溉造成的。农药、化肥使用也是耕地土壤重金属污染的重要来源。连云港受农药污染的农田土壤面积约为 300 平方千米。2013 年连云港单位面积化肥使用量近 5.5 千克/平方千米，高出江苏省平均水平 31.9%。

第三节　资源利用现状评价

资源利用现状评价，重点研究评价地市资源能源的禀赋、供给、利用状况及历史变化趋势，识别在资源能源利用和保护过程中存在的问题，为资源利用上线管控和环境准入提供支撑。水资源重点分析：水资源禀赋和时空分布特征，水资源供给能力和供给结构，水资源利用总量、结构、效率水平，非常规水资源利用状况，生态用水状况，等等。能源重点分析：能源禀赋特征，能源供给能力和供给品种结构，能源利用总量、品种结构、部门结构、能效水平，清洁能源利用状况，等等。土地资源重点分析：土地资源类型和空间分布特征，建设用地扩张状况，建设用地利用效率，等等。

一、水资源开发利用现状评价

1. 水资源禀赋分析

连云港水资源禀赋较差，时空分布不均匀。连云港人均水资源占有量较低，是全国平均水平的 25%，是世界平均水平的 6%，属于重度缺水城市。连云港水资源时空分布不均匀，约 70%的年降雨量集中在每年的6—9 月。东海县和赣榆区水资源分布相对较多，连云港市区、灌南县、灌云县水资源分布较少。2005—2014 年，连云港水资源总量、地表水总量及地下水总量均呈现波动减少趋势（见图 6-7）。

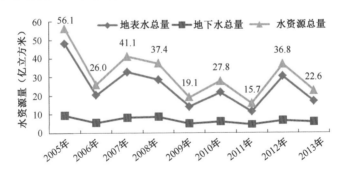

图 6-7　2005—2013 年连云港水资源变化情况①

2. 水资源利用现状评价

连云港水资源外部依赖强。2005—2014 年，连云港引自江淮的水量

① 水资源现状及历史趋势数据来自《连云港市水资源公报》。

占供水比例的 42%～81%，平均每年引水 18.97 亿立方米。

连云港农业用水总量大。2014 年,连云港用水总量为 26.9 亿立方米。其中，农业、工业、生活、服务业、生态用水量分别占 81.3%、8.6%、7.5%、2.2%、0.4%，化工、电力、食品、钢铁等行业用水量占工业用水总量的 90% 以上。

连云港水资源利用效率低。2014 年连云港每万元 GDP 用水量为 137 立方米，是江苏省平均用水量的 1.86 倍，农田灌溉亩均用水量为 446 立方米，略高于苏北地区（405.4 立方米）。连云港每万元工业增加值用水量为 23.3 立方米，是江苏省平均值的 1.3 倍。

连云港灌南县、灌云县地下水超采严重。连云港地下水超采区总面积达 997 平方千米。灌云县东南部和灌南县大部分地区地下水位均超过限采地下水位（标准为 25 米），燕尾港镇和堆沟港镇地下水位埋深均超过禁采地下水位埋深（标准为 43 米）；燕尾港临港工业区一带地面沉降量超过 10 毫米/年。

二、能源开发利用现状评价

1. 能源禀赋分析

连云港没有规模开采的煤炭、天然气、原油等能源，风能、太阳能具有一定开发潜力，电力供给能力充足。连云港核电装机容量为 212 万千瓦，煤电装机容量为 166 万千瓦，其他清洁能源装机容量为 32.8 万千瓦。

2. 能源利用现状评价

连云港能源消耗总量近年来持续增长，重化工行业煤炭消耗量占比高。2014 年，连云港综合能源消耗总量①达 1565 万吨标准煤，是 2005 年能源消耗总量的 3.4 倍，年均增长率达 14.4%。2014 年，连云港工业煤炭消耗总量为 661.6 万吨标准煤，是 2007 年煤炭消耗总量的 1.9 倍，年均增长率为 9.7%；热电、石化、钢铁行业煤炭消耗量分别占工业煤炭消耗总量的 39.1%、36.6%、17.9%，合计占 93.6%。

连云港能源利用效率较低。2014 年，连云港单位 GDP 能耗为 0.84 吨标准煤/万元，是江苏省平均水平的 1.7 倍，在江苏省能源利用效率排名中居末位，2005—2014 年年均能源利用效率降幅仅 2.2%。2013 年，连云港单位工业增加值碳排放约为 3.38 吨/万元，是江苏省平均水平的 1.5 倍（见图 6-8）。2014 年，连云港共有锅炉 1100 台左右，其中，90%以上的锅炉为工业锅炉，93%的锅炉为 7 兆瓦以下的小锅炉。

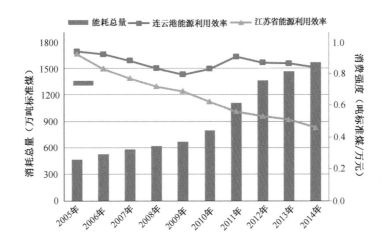

图 6-8　2005—2014 年连云港能源利用效率

① 综合能源消耗为扣除加工转换行业产品及作为原料输入以外的能源消耗总和。

第七章

生态环境影响预测

　　基于发展战略情景，考虑产业结构调整、工艺技术进步、污染控制水平提高、环境管理水平提高等因素，测算现有污染源减排潜力和新增源排放量，模拟预测环境质量变化情况和生态环境风险水平，以及资源能源供需状况。

第一节　水资源供需预测

　　以技术可行、经济可接受为原则，确定生活、农业、一般工业、生态等部门和重点行业的用水效率标准，结合区域可利用水资源总量、可供水量、非常规水资源供水潜力，以及水资源利用管控目标，分析论证水资源对城市发展的支撑或制约作用。

■ 一、水资源需求预测

根据《水资源供需预测分析技术规范》（SL429—2008），需水量预测是指在充分考虑资源约束和节约用水等因素的条件下，研究在各战略情景下的需水量。需水量预测分为生活（城镇生活需水和农村生活需水）、农业（农田灌溉需水和林牧渔畜需水）、工业（重点耗水行业需水和一般行业需水）、生态环境需水，用水定额采用国内先进水平。

2020 年，情景一总需水量为 30.3 亿立方米，情景二总需水量为 29.5 亿立方米，情景三总需水量为 29.2 亿立方米；2030 年，情景一总需水量为 33.9 亿立方米，情景二总需水量为 32.3 亿立方米，情景三总需水量为 31.8 亿立方米。

2020 年，在三个情景下，单位 GDP 用水量分别为 67.3 立方米/万元、84.4 立方米/万元、83.3 立方米/万元，分别较 2014 年下降 51%、38%、39%。2030 年，在三个情景下，单位 GDP 用水量分别为 34.7 立方米/万元、43.1 立方米/万元、42.3 立方米/万元，分别较 2014 年下降 75%、69%、69%。

■ 二、水资源供需平衡

根据《江苏省水资源综合规划》提出的连云港水资源配置方案，2020年连云港可供水量为 31.1 亿立方米，能够满足连云港在各情景下的用水需求，但仅情景三的总需水量可以控制在《最严格水资源管理制度的实施意见》中提到的用水总量控制红线（29.4 亿立方米）以内；2030 年连云港可供水量为 31.4 亿立方米，不能满足各情景的用水需求，其中情景三缺水最少，缺水约 0.36 亿立方米（见图 7-1），可通过加大节水力度、开发非常规水资源等方式，保障区域发展用水需求。

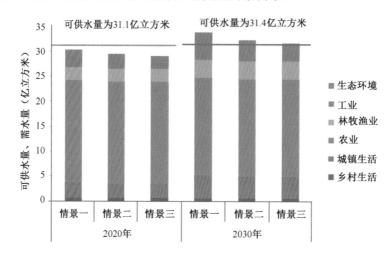

图 7-1 连云港各发展情景的需水量预测与供需平衡状况

第二节 能源供需预测

以技术可行、经济可接受为原则，确定生活、交通、工业等部门和重点行业能源利用效率标准和能源需求品种结构，结合区域可供能源总量、清洁能源开发潜力、能源利用管控目标等，分析能源对城市发展的支撑和制约作用，并为大气环境影响预测提供基础。

一、能源需求预测

设定钢铁、电力、石化等重点行业能源利用效率达到当前国内先进水平，电力消费优先以火电为主，并逐步提升生活、交通等领域清洁能源的利用比重，预测连云港综合能源消耗总量及结构（见图 7-2）。2020年三个情景的综合能源消耗总量分别较 2014 年增长 90%、53%、31%，年均增速分别为 11.3%、7.3%、4.3%。天然气、核电及其他形式的清洁能源占比逐渐增加。

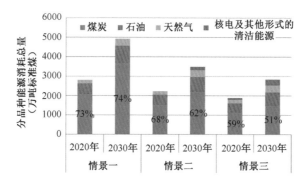

图 7-2　2020 年和 2030 年不同情景的综合能源消耗总量及结构

注：图中标注百分比为煤炭消耗量占能源消耗总量比例。

2020 年三个情景的单位 GDP 能耗分别为 0.68 吨标准煤/万元、0.67吨标准煤/万元、0.58 吨标准煤/万元，情景一和情景二的能源利用效率水平不满足江苏省小康社会设定指标（0.62 吨标准煤/万元）。

结合能源需求总量和能源品种结构，预测大气污染物排放量，并模拟环境质量，结果表明仅情景三满足大气环境质量目标要求。

二、能源供需平衡

从一次能源供应分析来看，连云港拥有铁路、高速公路、海运及管线等多种能源供应途径，能够充分保障煤炭、石油、天然气等能源供需安全。从二次能源加工转换来看，连云港拥有核电、清洁火电、风电、生物质等多种绿色能源，电力保障能力充足。

第三节　大气环境影响预测

综合考虑国家和地方重点控制污染物、区域特征污染物、环境介质最敏感的污染因子等因素确定需要预测的污染物；按照源头控制、分区防控、污染过程控制、末端治理等原则，核算区域特征污染物存量源的减排潜力；以技术可行、经济可接受为原则，确定不同评价年新增源主要污染物排放强度、排放标准等环境准入标准，预测新增源主要污染物排放量；综合考虑国家和地方污染控制水平和环境质量改善目标，估算周边区域主要污染物排放量；选择适宜的模型和方法，采用典型气象条件，预测未来各情景的大气环境质量，为"三线一单"环境管控和发展调控策略提供支撑。其中，在分析时主要污染物浓度可选择年均浓度、月均浓度、日均浓度等。

一、主要污染物排放量预测

1. 现状源减排潜力分析

依照目前国内最严格的环境管理要求，2020 年，化工、医药等重点行业的落后产能将被淘汰；黄标车将被淘汰；7 兆瓦以下工业锅炉将被淘汰或被清洁能源替代，其他工业锅炉改造使其达到特别排放限值要求；钢铁行业全部完成脱硫除尘改造，并选取典型企业开展脱硝试点；火电行业开展超低排放改造；大力开展面源污染治理、有机废气整治等工作；SO_2、NOx、一次 PM2.5 可分别实现减排 2.4 万吨、3.5 万吨、1.6 万吨。

2030 年，在 2020 年减排要求基础上，工业锅炉完成低氮燃烧技术改造，钢铁行业完成脱硝技术改造，淘汰 50%国Ⅲ标准重型柴油车，全面完成面源污染治理和有机废气整治，机动车执行国Ⅵ标准，SO_2、NOx、一次 PM2.5 可分别实现减排 3.8 万吨、4.7 万吨、2.4 万吨。

2. 主要污染物排放量预测结果分析

2020 年，对新增产能采用国内先进标准准入，火电新建机组实现超低排放，化工、医药新建企业采用密闭一体式生产控制等，新建锅炉执行特别排放限值，钢铁采用最佳可行技术，机动车执行国Ⅴ标准。在三个情景下：SO_2 排放量分别为 4.6 万吨、3.9 万吨、3.4 万吨，NOx 排放量分别为 6.7 万吨、5.4 万吨、4.6 万吨，一次 PM2.5 排放量分别为 2.9 万吨、2.4 万吨、2.2 万吨，$VOCs$ 排放量分别为 7.1 万吨、7.1 万吨、6.9 万吨。

2030 年，对新增产能采用国内先进标准准入，火电新建机组实现超低排放，化工、医药新建企业采用密闭一体式生产控制等，新建锅炉执行特别排放限值，钢铁采用最佳可行技术，机动车执行国Ⅴ标准。在三个情景下：SO₂ 排放量分别为 4.6 万吨、3.9 万吨、3.4 万吨，NO*x* 排放量分别为 6.7 万吨、5.4 万吨、4.6 万吨，一次 PM2.5 排放量分别为 2.9 万吨、2.4 万吨、2.2 万吨，VOCs 排放量分别为 7.1 万吨、7.1 万吨、6.9 万吨（见图 7-3）。

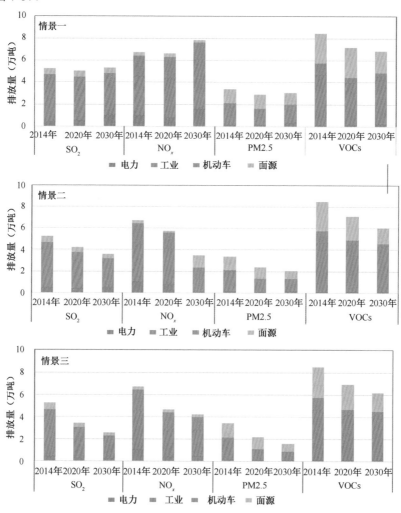

图 7-3　连云港各情景主要大气污染物排放量

二、大气环境质量模拟

1. PM2.5 模拟结果分析

以 2020 年和 2030 年 PM2.5 年均浓度达到环境保护目标要求为约束，以典型气象条件为基础，计算连云港主要污染物大气环境容量。在 WRF-CMAQ 模式基础上，利用迭代算法，分别对 PM2.5 中关键组分（硫酸盐、硝酸盐、一次 PM2.5 和铵盐）进行迭代计算，计算结果如表 7-1 所示。

表 7-1　连云港大气环境容量

污　染　物	2020 年容量（万吨）	2030 年容量（万吨）
SO_2	3.45	2.61
NOx	4.69	4.36
一次 PM2.5	2.18	1.58

由上可知，仅情景三的各项污染物排放量在大气环境容量范围内，故仅对情景三进行大气环境质量模拟。以区域外城市达到国家和地方环境保护目标为前提，设定区域大气污染物排放量，利用 WRF-CMAQ 模式，采用多年典型气象条件开展大气环境质量模拟。

2020 年，情景三 PM2.5 年均浓度为 43.9 微克/立方米，较 2014 年下降 31.74%，较 2015 年下降 20.2%，达到控制目标要求。在一般气象条件下，PM2.5 超标天数为 54 天左右，主要集中在冬季，全年优良率达 85% 以上；在不利气象条件下，在同样的污染物排放情况下，PM2.5 超标天数将增加 6 天左右，需要重点加强应急建设。从空间分布来看，陆域 PM2.5 浓度总体高于沿海地区，新海电厂周边、赣榆临港产业区周边、徐圩新区周边污染物浓度相对较高。

2030 年，情景三 PM2.5 年均浓度为 33.05 微克/立方米，较 2014 年下降 46%，优于国家二级标准要求。在一般气象条件下，PM2.5 超标天数为 18 天左右，全年优良率达 95%以上；在不利气象条件下，在同样的污染物排放情况下，PM2.5 超标天数将增加 3 天左右，需要重点加强应急建设。从空间分布来看，陆域 PM2.5 浓度总体高于沿海地区，新海电厂周边、赣榆临港产业区周边、徐圩新区周边污染物浓度相对较高。

2. O₃ 模拟结果分析

情景三连云港 O₃ 浓度呈现整体升高的趋势。2020 年，O₃ 年均浓度与 2014 年基本持平；2030 年，O₃ 年均浓度与 2014 年相比有所上升。以 7 月为典型月，2014 年连云港市区 O₃ 8 小时平均浓度超标时次为 14 次，2030 年超标时次为 11 次，相比 2014 年略有下降。O₃ 浓度变化规律与 PM2.5 相反，夏、秋季 O₃ 浓度最高，并且内陆 O₃ 浓度低于沿海，徐圩新区、两灌地区属于风险高值区。

第四节 地表水环境影响预测

综合考虑国家和地方重点控制污染物、区域特征污染物、环境介质最敏感的污染因子等因素确定需要预测的污染物；按照源头控制、分区防控、污染过程控制、末端治理等原则，核算区域特征污染物存量源的减排潜力；以技术可行、经济可接受为原则，确定不同评价年新增源主要污染物排放强度、排放标准等环境准入标准，预测新增源主要污染物排放量；选择适宜的水文水质模型和方法，以跨界断面达标为前提，采用枯水条件，考虑水系优化调整、增容等对策措施，预测各战略情景未来的地表水环境质量达标状况，为"三线一单"环境管控和发展调控策略编制提供支撑。

一、在常规减排条件下的主要污染物排放量与地表水环境质量模拟

1. 主要污染物排放量与入河量预测

2020 年，连云港试运营、在建、整改及新建的污水处理厂均已处于正常运营状态，并且各市、县建成区污水处理率达 95%以上，乡镇污水处理率达 85%以上，收集污水 100%处理，污水处理厂严格执行设计标准；推进集约化养殖和生态化治理，规模化养殖比例达 90%以上，规模化养殖 COD 和氨氮污染物去除率分别达到 90%和 70%；种植业和水产养殖业采用清洁生产模式，污染物排放强度降低 20%；工业各行业污染排放均达到相应行业水污染排放标准。在三个情景下：COD 排放量分别为 10.66 万吨、10.47 万吨、10.44 万吨，较 2014 年分别削减 35%、36%、37%，氨氮排放量分别为 0.85 万吨、0.83 万吨、0.82 万吨，较 2014 年分别削减 33%、34%、35%。在三个情景下：COD 入河量分别为 3.90 万吨、3.77 万吨、3.74 万吨，氨氮入河量分别为 0.32 万吨、0.30 万吨、0.30 万吨。

2030 年，大浦临洪、东门五图河、鲁兰河、南六塘河、排淡河、蔷薇河、青口河、烧香河、兴庄河、朱稽河等流域完善管网，将污水处理率提高到 95%以上，所有污水处理厂的处理能力和出水水质执行设计标准；推进连云港畜禽集约化养殖和生态化治理，规模化养殖 COD 和氨氮污染物去除率分别达到 90%和 70%以上；种植业和水产养殖业采用清洁生产模式，污染物排放强度降低 30%；工业各行业污染排放均达到相应行业水污染排放标准。在三个情景下：COD 排放量分别为 10.61 万吨、

10.42 万吨、10.38 万吨，较 2014 年分别削减 36%、36.8%、37%，氨氮排放量分别为 0.90 万吨、0.87 万吨、0.867 万吨，较 2014 年分别削减 29%、30%、31%。在三个情景下：COD 入河量分别为 4.32 万吨、4.13 万吨、4.10 万吨，氨氮入河量分别为 0.36 万吨、0.33 万吨、0.328 万吨。

2. 水环境质量模拟

针对连云港汛期和非汛期的不同气象、水文特点，分别选择一维水质模型和零维水质模型计算区划内 24 个小流域在枯水年条件下的水环境容量（见表 7-2），并将入河量与环境容量进行对比，判断地表水的达标状况。

表 7-2　连云港各小流域环境容量

小流域名称	COD（吨）	氨氮（吨）
柴米河流域	较小	小
车轴河流域	较大	较小
大浦临洪流域	较小	较小
东门五图河流域	较小	较小
范河流域	较小	较小
古泊善后河流域	大	大
灌河流域	大	大
龙梁河流域	较大	较大
龙王河流域	较大	较大
鲁兰河流域	较小	小
南六塘河流域	较小	小
牛墩界圩河流域	较小	较小
排淡河流域	小	小
蔷薇河流域	较大	较小
青口河流域	较小	较小
烧香河流域	较小	小

续表

小流域名称	COD（吨）	氨氮（吨）
石安河流域	大	大
乌龙河流域	小	小
五灌河流域	较大	较大
新沭河流域	较大	较大
新沂河	大	大
兴庄河流域	较小	小
一帆河流域	较大	较小
朱稽河流域	较小	小

注：表中各污染物环境容量分级标准如下。COD容量分级标准：大≥5000吨；2000吨≤较大＜5000吨；1000吨≤较小＜2000吨；小＜1000吨。氨氮容量分级标准：大≥400吨；200吨≤较大＜400吨；100吨≤较小＜200吨；小＜100吨。

2020年，由于连云港城区和部分园区所在小流域入河量超过环境容量，连云港水环境功能区达标率仅为70.2%，超标流域包括大浦临洪、东门五图河、鲁兰河、南六塘河、排淡河、蔷薇河、青口河、烧香河、兴庄河、朱稽河共10个小流域，在三个情景下，各流域分别超标0.04～5.3倍、0.02～4.8倍、0.02～4.7倍（见表7-3）。

表7-3 2020年连云港超标流域超标倍数

流域名称	情 景 一	情 景 二	情 景 三
大浦临洪流域	5.3	4.8	4.7
东门五图河流域	1.1	1.0	1.0
鲁兰河流域	0.04	0.02	0.02
南六塘河流域	1.2	1.1	1.1
排淡河流域	3.3	3.1	3.0
蔷薇河流域	0.4	0.4	0.4
青口河流域	1.5	1.5	1.4

流域名称	情 景 一	情 景 二	情 景 三
烧香河流域	4.0	3.7	3.4
兴庄河流域	0.4	0.4	0.4
朱稽河流域	0.7	0.6	0.6

2030 年，仍有 10 个小流域主要污染物入河量超过环境容量，连云港水环境功能区达标率为 70.2%，在三个情景下，各流域分别超标 0.2～8.3 倍、0.18～5.6 倍、0.18～5.2 倍。

二、在重点流域强化减排条件下的地表水环境质量模拟

针对 10 个超标小流域，依据环境压力程度和污染源特点，在对污水处理厂采取不同强度的提标改造后，水环境功能区水质达标率可提升到 75%；对青口河等 8 个流域强化畜禽养殖污染控制，可使水环境功能区水质达标率提高到 88%；在对排淡河、大浦临洪、烧香河等流域实施黑臭水体整治，对新沭河与排淡河、蔷薇河或通榆河与烧香河及市内河道进行海绵城市建设、水系连通等工程后，排淡河流域水质可达标，同时消除烧香河流域等劣Ⅴ类水体，连云港水环境功能区水质达标率可提升到 91.7%，22 个省考断面水质优良率达到 77.3%（见表 7-4）。如果遇到特枯年，则在同样的污染排放情况下，重要河库水环境功能区水质达标率将由 91.7%降至 70.2%，需要重点加强污染应急体系建设。

表 7-4　2020 年各小流域强化减排路径与达标状况

流　　域	污染治理措施			治理效果
鲁兰河	污水处理厂根据环境压力程度和污染源特点进行不同程度的提标改造	强化畜禽养殖污染控制	达标	
东门五图河				
青口河			达标	
蔷薇河				
兴庄河				
朱稽河				
南六塘河				
排淡河		对排淡河、大浦临洪、烧香河等流域进行黑臭水体整治，对新沭河与排淡河、蔷薇河或通榆河与烧香河及市内河道进行水系连通、海绵城市建设等	达标	
大浦临洪			超标，Ⅴ类	
烧香河				

2030 年，针对 10 个重点小流域，在不同程度地提高污水收集处理率、排放标准、中水回用标准，并提高集约化养殖，以及进一步控制种植、水产养殖污染排放的情况下，连云港水环境功能区水质达标率提高到 82.1%；继续控制朱稽河等 6 个小流域的畜禽养殖污染，水环境功能区水质达标率可提高到 86.9%；对连云港市区河道增加清水补给，水环境功能区水质达标率可提高到 90.5%，对大浦临洪流域、兴庄河流域、烧香河流域提高重点行业排放标准，水环境功能区水质达标率提高到 97.7%；对烧香河流域实施深海排放，就能实现连云港重要河库水环境功能区水质达标率 100% 的目标，22 个省考断面水质优良率可达 77.3%（见表 7-5）。

在特枯年条件下，2020 年连云港重要河流、湖泊、水库水环境功能区水质达标率将由 91.7% 降至 70.2%；2030 年连云港重要河流、湖泊、水库水环境功能区水质达标率将由 100% 降至 71.4%，需要重点加强污染应急体系建设。

表7-5 2030年各小流域强化减排路径与达标状况

流　域	污染治理措施						治理效果
鲁兰河	完善污水管网，提高污水收集处理率，污水处理厂根据环境压力程度和污染源特点进行不同程度的提标改造和中水回用，部分流域氨氮指标执行地表水Ⅳ类标准，畜禽100%集约化养殖，种植、水产养殖污染排放降低30%			达标			
东门五图河							
青口河							
蔷薇河							
朱稽河		强化畜禽养殖污染控制	对排淡河、大浦临洪、烧香河等流域进行黑臭水体整治，对新沭河与排淡河、蔷薇河或通榆河烧香河及市内河道水系进行连通、海绵城市建设等，对市区河道增加清水补给	达标			
南六塘河							
排淡河				达标			
兴庄河				石化、化工、食品、医药等重点行业执行先进标准	达标		
大浦临洪						达标	
烧香河					深海排放	达标	

第五节　近岸海域环境影响预测

近岸海域环境影响预测是指衔接入海河流和排污口污染物排放量预测结果，选择适宜的水文水质模型，模拟近岸海域水环境质量，为"三线一单"环境管控和发展调控策略编制提供支撑。

采用MIKE21模型，对情景三下的近岸海域环境质量进行模拟。

模拟结果表明，2020年，陆域河流水环境功能区水质达标率为90%（情景三）；虽然近岸海域水环境有明显改善，但临洪口、灌河流域周边仍存在较大程度的超标现象；无机氮达标率为57%，活性磷酸盐达标率为64%；海洋水环境功能区水质达标率为57%，水质优良率为57%。

2030年，陆域河流水环境功能区水质达标率为100%（情景三）；近岸海域水环境有明显改善；海洋水环境功能区水质达标率为78.6%，水质优良率为71.4%；临洪口附近点位存在超标现象。

对临洪口及附近流域的入海污染物排放进行进一步削减，即在大浦临洪（Ⅳ类）、蔷薇河（Ⅲ类）、新沭河（Ⅲ类）、范河（Ⅲ类）流域的水质优于海洋水环境功能区水质目标情况下（在该情景下14个监测点位无机氮、活性磷酸盐的浓度均值与现状比较如图7-4所示），可实现近岸海域水环境功能区水质达标率为100%的目标。

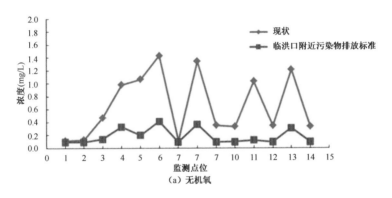
（a）无机氮

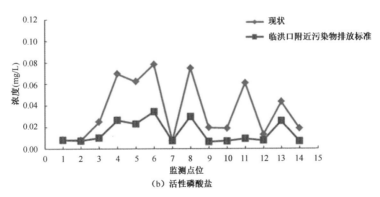
（b）活性磷酸盐

图7-6 在进一步削减入海污染物情景下监测点位的污染物浓度

第六节 土壤环境污染风险预测

土壤污染风险预测主要基于发展战略情景和重点行业污染物排放特征，识别土壤环境污染风险的重点区域。

连云港土壤环境污染风险主要来自工矿业，尤其是涉及金属加工、石油加工、化工、医药、电力、皮革等行业的工业园区和重点排污企业，以及工矿业废弃场地；主要污染物包括重金属、持久性有机污染物（POPs）、挥发性有机物（VOCs）和半挥发性有机物（SVOCs）。结合连云港工业园区及企业分布情况，绘制不同污染物的风险分布区域，叠加确定土壤环境污染潜在风险区总面积约 800 平方千米，重点关注的土壤污染物为重金属、POPs、VOCs、SVOCs 和石油烃类等（见表 7-6）。

表 7-6 重点工业园区土壤特征污染物

工业园区	重点发展行业	特征污染物
柘汪临港产业区	精品钢	重金属
海州湾生物科技园、赣榆海洋经济开发区	生物化工、生物医药	重金属、VOCs、SVOCs、POPs
赣榆经济开发区	装备制造、医药、能源	重金属、VOCs、SVOCs、POPs、石油烃
连云港经济技术开发区	新医药、新材料、装备制造	重金属、VOCs、SVOCs、POPs
徐圩新区、板桥工业园	石化	重金属、VOCs、SVOCs、持久性有机污染物、农药
连云港化学产业园	农药、印染	重金属、VOCs、SVOCs、POPs、农药

续表

工业园区	重点发展行业	特征污染物
灌南特种船舶产业园	船舶制造	重金属、POPs、石油烃
灌云临港产业区	石化、医药、海洋工程装备制造	重金属、VOCs、SVOCs、POPs、石油烃
灌南经济开发区	工程机械、食品加工	重金属、POPs、有机氯溶剂
灌云经济开发区	农业机械、电子电器	重金属、POPs、有机氯溶剂
海州经济开发区、新浦经济开发区	专用装备、通用装备和电子信息	重金属、POPs
东海经济开发区	硅加工、太阳能、汽车零部件制造、绿色食品加工	重金属、POPs、石油烃

第八章
"三线一单"环境管控

基于区域生态环境改善目标和发展战略定位，结合生态环境本底条件和资源禀赋分析，以及生态环境影响预测和风险评估，确定评价地市生态保护红线（沿海地区包括海洋、陆地和岸线），分区域、分阶段环境质量改善目标和相对应的主要污染物允许排放量，资源能源利用总量、结构和效率等管控要求，以及基于环境管控单元的差异化的空间准入、资源利用、污染物排放量等管控要求。

第一节　生态保护红线

生态保护红线的具体划定方法可参见《生态保护红线划定指南》和《海洋生态红线划定技术指南》。已经划定生态保护红线的地区，应衔接落实生态保护红线方案和管控要求。

■ 一、连云港生态保护红线

　　连云港已经发布《连云港市生态红线区域保护规划》，本章主要基于已有规划和省级生态保护红线区域优化调整相关资料，调整叮当河饮用水源保护区、塔山水源涵养区、小塔山水库饮用水水源保护区、海州湾国家级海洋公园、海州湾重要渔业区、海州湾海洋牧场等保护区范围，增加对于维护生态系统完整性至关重要的区域，包括埒子口湿地（我国沿海地区重要的候鸟栖息地）、灌河洪水调蓄区（江苏省重要的洪水调蓄区）、羊山岛、开山岛、前三岛增养殖区（江苏省唯一的海珍品养殖基地）等，从而确定连云港生态保护红线。

　　连云港生态保护红线[①]面积共 2680.2 平方千米，其中，陆域生态保护红线面积为 1832.3 平方千米，占生态保护红线总面积的 68.4%，占陆域总面积的 24.1%；海域生态保护红线面积为 848 平方千米，占生态保护红线总面积的 31.6%。在陆域生态保护红线中，一级管控区面积为 76.9 平方千米，占陆域生态保护红线总面积的 4.2%。在海域生态保护红线中，一级管控区面积为 25.6 平方千米，占海域生态保护红线总面积的 3%。另外，确定的 2030 年陆域生态保护红线面积较现行的陆域生态保护红线面积增加 159.8 平方千米，确定的 2030 年海域生态保护红线面积较现行的海域生态保护红线面积增加 6.1 平方千米（见表 8-1）。各类管控区域遵从江苏省生态保护红线管理规定。

[①] 相关图件参见《市政府办公室关于印发连云港市生态环境管理底图的通知》（连政办发〔2017〕188 号）。

表 8-1 连云港市生态保护红线分布

类 型	主导生态功能	范 围	面 积（平方千米）			备 注
			一级管控区	二级管控区	小计	
自然保护区	自然与人文景观	云台山自然保护区	0.67		0.67	现行
风景名胜区	自然与人文景观	连云港云台山风景名胜区、大伊山风景名胜区、潮河湾风景名胜区		170.37	170.37	现行（包括22.65平方千米海域面积）
饮用水水源保护区	水源水质保护	蔷薇河茅口水厂、蔷薇河海州水厂、蔷薇湖、小塔山水库、大圣湖、横沟水库、淮沭干渠、古泊善后河、车轴河、界圩河、灌南县地下水饮用水水源保护区、北六塘河饮用水水源保护区	19.69	83.06	102.75	现行
		叮当河饮用水水源保护区	3.3	152.83	156.13	调增，总面积增加105.03平方千米
生态公益林	水体保持	大夹山生态公益林、怀仁山生态公益林、"幸福林海"生态公益林	2	39.67	41.67	现行
水源涵养区	水源涵养	神龙泉水源涵养区、塔山水源涵养区、石水源涵养区、安峰山水源涵养区、马陵山水源涵养区、李埝水源涵养区、房山水源涵养区		341.67	341.67	现行

类　型	主导生态功能	范　围	面　积（平方千米）			备　注
			一级管控区	二级管控区	小计	
洪水调蓄区	洪水调蓄	新沭河、烧香河、石梁河水库、龙王河、青口河、新沂河、一帆河、柴米河、盐河和武障河洪水调蓄区		392.28	392.28	现行
		灌河洪水调蓄区		7.1	7.1	新增
清水通道维护区	水源水质保护	通榆河、淮沭新河、鲁兰河、古泊善后河、朱稽付河、蔷薇河、龙梁河、石安河、南六塘河、北六塘河		508.62	508.62	现行
重要湿地	湿地生态保护	临洪河重要湿地、西双湖重要湿地、阿湖水库重要湿地、武障河重要湿地		40.22	40.22	现行
		埒子口湿地		19.3	19.3	新增
森林公园	自然与人文景观	伊芦山森林公园		1.6	1.6	现行
重要渔业区	重要渔业水域	海州湾重要渔业水域、海州湾海洋牧场、前三道增养殖区	28	314.36	342.36	调整，新增面积20.25平方千米
海洋特别保护区	自然与人文景观	海州湾国家级海洋公园保护	1.24	474	475.24	调整，总面积减少43.23平方千米
海岛保护区	地质遗迹保护	羊山岛、开山岛		2.79	2.79	新增
合计（含海域生态红线区域面积）			2680.24	102.49	2577.75	扣除重复面积
合计（不含海域生态红线区域面积）			1832.26	76.89	1755.37	扣除重复面积

二、生态岸线

连云港生态岸线的划定主要基于岸线类型和岸线敏感性分析,并考虑岸线开发利用相关规划,以及海陆协调等因素。连云港保持自然状态且高敏感的岸线、生态保护红线临近岸线、未纳入开发且具有生态功能的岸线等,共 65.7 千米,占岸线总长的 31%,具体包括:龙王河口岸线,长约 2.5 千米;兴庄河口至沙汪河岸线,长约 6.9 千米;赣榆城区岸线,长约 5.3 千米;青口盐场及临洪口湿地岸线,长约 6.5 千米;临洪口至西墅岸线,长约 5.0 千米,西墅至西大堤,长约 11.2 千米;连岛岸线,长约 8.5 千米;羊山岛岸线,长约 1.2 千米;排淡河、烧香河河口岸线,长约 5.4 千米;埒子口岸线,长约 7.1 千米;灌河口岸线,长约 6.1 千米。

生态岸线禁止港口和工业开发建设,重点加强生态保护与生态修复,可以适当发展生态旅游,沿海城市建设需要维护岸线的生态功能。

第二节　环境质量底线

对于水环境和大气环境,基于相应规划要求和环境质量改善潜力,确定分区域、分阶段环境质量目标;基于环境质量目标,分区域核算存量污染源主要污染物减排潜力和新增污染源主要污染物排放量,从而合理确定主要污染物允许排放量。在有条件的地区,还可结合经济社会发展和污染控制水平等,确定重点部门、重点行业主要污染物允许排放量。

对于土壤环境,重点识别土壤污染区域和土壤环境污染风险防控区域,明确土壤安全利用和风险防控要求。

一、大气环境质量底线

基于相应规划要求和大气环境质量改善潜力,确定连云港各情景大气环境质量目标;以周边区域达到国家和地方环境保护目标为前提,以各情景大气环境质量目标为约束,考虑各污染物间的协同关系,计算在典型气象条件下大气环境容量和主要大气污染物允许排放量;根据各情景面源污染和交通源污染等控制措施,计算面源、交通源污染物排放量;在大气环境容量扣除面源、交通源污染物排放量后,得到工业源允许排放量。

1. 大气环境质量目标

依据《江苏省国民经济和社会发展第十三个五年规划纲要》,结合连云港大气环境质量现状和改善潜力,确定连云港 2020 年 PM2.5 浓度降至 44 微克/立方米,2030 年 PM2.5 浓度降至 35 微克/立方米以下。

2. 主要大气污染物允许排放量

依据大气环境容量、存量污染源减排潜力、主要污染物预测排放量和环境质量模拟结果,综合确定连云港主要污染物允许排放量和工业源允许排放量。

2020 年,连云港 SO_2、NOx、一次 PM2.5、VOCs 允许排放量分别为 3.5 万吨、4.7 万吨、2.2 万吨、6.9 万吨,比当前分别削减 33%、30%、33%、18%,其中,工业源须削减 34%、35%、48%、8%。2030 年,连

云港 SO$_2$、NOx、一次 PM2.5、VOCs 允许排放量分别为 2.6 万吨、4.4 万吨、1.6 万吨、6.1 万吨，控制在当前水平的 48%～73%。

3. 现状源减排路径

现状工业源大气污染物减排路径如图 8-1、图 8-2 所示。通过电厂超低排放改造、钢铁提标、锅炉淘汰整治、落后产能淘汰等手段，采用行业控制标准或国内外先进控制标准，现状源减排效果突出，其中钢铁提标和锅炉淘汰整治是减排的重点。2020 年现状源 SO$_2$、NOx、一次 PM2.5、VOCs 排放量分别为 2.43 万吨、2.01 万吨、0.82 万吨、1.48 万吨，较 2014 年分别削减 47%、56%、58%、68%，2030 年 SO$_2$、NOx、一次 PM2.5、VOCs 较 2014 年分别削减 76%、71%、73%、84%。

4. 新增源允许排放量

在减排以后，2020 年连云港 SO$_2$、NOx、一次 PM2.5、VOCs 能够为新增产能预留 0.67 万吨、0.94 万吨、0.20 万吨、2.87 万吨，分别占工业源允许排放量的 22%、32%、20%、68%，2030 年连云港 SO$_2$、NOx、一次 PM2.5、VOCs 能够为新增产能预留的量分别占工业源允许排放量的 51%、56%、37%和 84%。

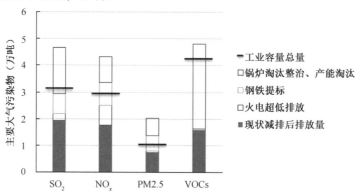

图 8-1　2020 年连云港现状工业源大气污染物减排路径分析

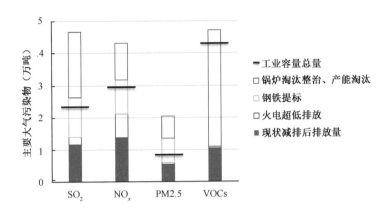

图 8-2　2030 年连云港现状工业源大气污染物减排路径分析

■ 二、水环境质量底线

基于相关规划要求和水环境质量改善潜力,确定各环境控制单元(小流域)各情景水环境质量目标;以上游断面全部达标为前提,计算在枯水条件下水环境容量;根据各情景面源污染控制措施,计算面源排放量和入河量;在从水环境容量中扣除面源入河量后,得到固定源可利用容量;结合入河系数,确定主要污染物允许排放总量和固定源主要污染物允许排放量。

1. 水环境质量目标

连云港 2020 年重要河流、湖泊、水库水环境功能区水质达标率为 90%,近岸海域环境功能区水质达标率为 70%;2030 年重要河流、湖泊、水库水环境功能区水质达标率为 100%,近岸海域环境功能区水质达标率为 80%。

基于连云港水环境改善目标和各小流域水环境质量改善潜力,确定

2020 年和 2030 年各小流域水环境质量目标（见表 8-2）。

表 8-2 连云港各小流域分阶段水质目标

流　域	功能区水质目标	2020 年水质目标	2030 年水质目标	流　域	功能区水质目标	2020 年水质目标	2030 年水质目标
柴米河	III类	III类	III类	排淡河	IV类	V类	IV类
车轴河	III	III类	III类	蔷薇河	III类	III类	III类
大浦临洪	IV类	V类	IV类	青口河	IV类	IV类	IV类
东门五图河	III类	III类	III类	烧香河	IV类	V类	IV类
范河	III类	III类	III类	石安河	III类	III类	III类
古泊善后河	III类	III类	III类	乌龙河	IV类	IV类	IV类
灌河	III类	III类	III类	五灌河	IV类	IV类	IV类
龙梁河	III类	III类	III类	新沭河	III类	III类	III类
龙王河	IV类	IV类	IV类	新沂河	III类	III类	III类
鲁兰河	III类	III类	III类	兴庄河	IV类	IV类	IV类
南六塘河	III类	IV类	III类	一帆河	III类	III类	III类
牛墩界圩河	III类	III类	III类	朱稽河	IV类	IV类	IV类

2. 主要水污染物允许排放量

依据环境容量、主要污染物预测排放量和环境质量预测结果，综合确定连云港及重点小流域固定源主要污染物允许排放量。

2020 年连云港 COD、氨氮允许排放量为 16.5 万吨、1.04 万吨，COD 允许排放量与当前基本持平，氨氮允许排放量比当前削减 17%，其中，固定源 COD 允许排放量增长 14%，氨氮允许排放量削减 65%。2030 年连云港 COD、氨氮允许排放量为 15.61 万吨、1.03 万吨，控制在当前水平的 82%～95%。

对于工业集聚区和人口集聚区所在小流域，包括大浦临洪、东门五图河、鲁兰河、南六塘河、排淡河、蔷薇河、青口河、烧香河、兴庄河、朱稽河等流域，允许排放量普遍低于当前排放量。为实现水质达标的目标，在控制农业面源污染排放的基础上，重点削减固定源排放量，固定源 COD、氨氮允许排放量如图 8-3、图 8-4 所示。

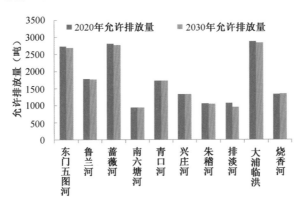

图 8-3　连云港重点小流域固定源 COD 允许排放量

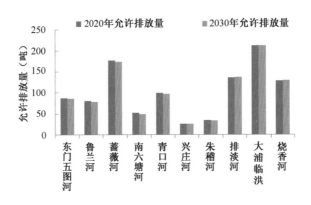

图 8-4　连云港重点小流域固定源氨氮允许排放量

3. 重点小流域减排路径

对重点小流域现状源水污染物减排路径进行分析（见图 8-5、图 8-6）。通过水系增容、基础设施提标改造、畜禽污染控制、工业提标等措施，削减存量污染排放，可以为经济社会发展腾出总量空间。

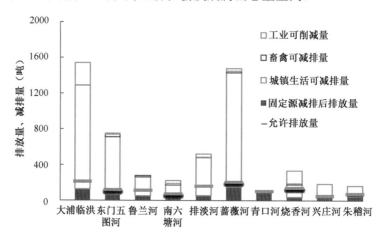

图 8-5　2020 年重点小流域固定源氨氮减排路径

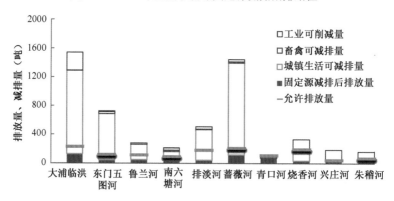

图 8-6　2030 年重点小流域固定源氨氮减排路径

4. 新增源允许排放量

根据核算，2020 年，连云港 10 个重点控制流域 COD 点源允许排放量为 17658 吨，COD 新增源允许排放量为 6309 吨；氨氮点源允许排放量为 1049 吨，氨氮新增源允许排放量为 354 吨。2030 年，连云港 10 个重点控制流域 COD 点源允许排放量为 17429 吨，COD 新增源允许排放量为 5989 吨；氨氮点源允许排放量为 1038 吨，氨氮新增源允许排放量为 447 吨。

第三节　资源利用上线

以资源能源禀赋为根本，以生态系统维护和环境质量改善为前提，参照国家和地方发展改革委及自然资源、水利等相关部门确定的资源利用总量和资源利用强度等管控要求，结合社会经济发展需求、技术提升潜力等因素，核算资源需求结构及资源利用总量，从而确定水资源、能源、土地资源等利用总量、结构、强度、效率等上线。对于涉及重要功能、断流、严重污染等的重点河段及重要湖库，还需要提出生态用水的管控要求。

一、水资源利用上线

连云港水资源利用上线，主要通过梳理水利部门相关规划，包括《关于实行最严格水资源管理制度的实施意见》（连政办发〔2013〕120 号）、《连云港市地下水压采方案（2014—2020 年）》《江苏省水资源综合规划》等，确定连云港水资源利用总量、结构、效率等管控上线要求。

2020 年，连云港水资源利用总量控制在 29.43 亿立方米以内，每万元工业增加值用水量控制在 18 立方米以内，农田灌溉水有效利用系数提高到 0.6 以上，深层地下水开采量缩减到 1000 万立方米以内。

2030 年，连云港水资源利用总量控制在 31.4 亿立方米以内，每万元工业增加值用水量控制在 12 立方米以内，农田灌溉水有效利用系数提高到 0.65 以上。将Ⅱ类、Ⅲ类承压地下水作为备用水源和战备水源，在严重缺水情况下进行适度开采，并编制严格的开采方案明确开采量。

二、能源利用上线

连云港能源利用上线，主要通过梳理发展改革部门的相关规划，包括《能源发展战略行动计划（2014—2020 年）》《江苏省煤炭消费总量控制和目标责任管理实施方案》（苏政办发〔2014〕76 号）、《江苏全面建成小康社会指标体系（试行）》《江苏基本实现现代化指标体系（试行）》等，确定能源利用总量增速、能源利用效率等管控要求，并通过能源需求预测及大气环境质量模拟，以大气环境质量达到环境目标为约束，核算并确定能源利用总量和能源利用结构等管控要求。

2020 年，连云港综合能源消耗总量控制在 2100 万吨标准煤以内，煤炭消耗比例控制在 62% 以下，单位 GDP 能耗控制在 0.62 吨标准煤/万元。

2030 年，连云港综合能源消耗总量控制在 3200 万吨标煤以内，煤炭消耗比例力争控制在 52% 左右，单位 GDP 能耗控制在 0.5 吨标准煤/万元。

第四节　生态环境准入清单

采用地理信息系统空间分析技术，划定生态保护红线、污染严重超标区、区域/流域污染主要输送源地区、环境受体敏感区、人群集聚区、高污染燃料禁燃区等；将各类空间与行政边界等叠加，形成以乡镇街道和工业集聚区为基础细化的环境管控单元；综合生态保护红线、环境质量底线、资源利用上线等在空间上的差异性准入要求，以"就高不就低"为原则，明确各环境管控单元内空间布局、污染物排放、环境风险、资源开发利用等生态环境管控要求。

一、环境管控单元划定

1. 环境重点管控区

根据各小流域水环境质量现状和水环境污染原因（见表 8-3），连云港共划出排淡河流域等 12 个水环境重点管控区。

利用 CALPUFF 模型对连云港进行网格划分，每个网格放入虚拟污染源模拟预测（共 833 个虚拟污染源），计算每个虚拟污染源对 10 个受体点（国控点及区、县政府所在地）所产生的污染影响，划出源头布局敏感区（排放同样的污染物，找出哪个方位的污染源对城市影响最大）；计算所有虚拟污染源对连云港所产生的污染影响（所有均匀分布点源同时排放同样的污染物，哪个方位的污染物容易聚集），划出污染物聚集敏感区。连云港共划出826.5平方千米大气源头布局敏感区,主要分布在连云港市中心及连云区、海州区的部分区域。连云港共划出382.7平方千米大气污染物聚集敏感区,主要分布在海州区,以及连云港西北部的赣榆区和东海县部分区域(见表8-4)。

表8-3　连云港水环境排放超载主要原因

COD		氨　　氮	
生活	大浦临洪流域、排淡河流域	生活	鲁兰河流域
生活+农业	朱稽河流域、东门五图河流域、南六塘河流域	农业	一帆河流域
生活+农业+工业	烧香河流域	生活+农业	青口河流域、蔷薇河流域、东门五图河流域、南六塘河流域
		工业	灌河流域
		生活+农业+工业	烧香河流域、排淡河流域、大浦临洪流域

表8-4　连云港大气源头布局敏感区与大气污染物聚集敏感区分布

类　　型	涉及街道、乡、镇	面　积（平方千米）
大气源头布局敏感区	海州区城区、锦屏镇、浦南镇、云台农场、南云台林场、墟沟街道、海州湾街道、连云街道、朝阳街道、云山街道、宿城街道、中云街道、猴嘴街道、青口镇、伊山镇、侍庄乡、东王集乡、牛山街道、新安镇	826.5
大气污染物聚集敏感区	海州区城区、锦屏镇、云台农场、南云台林场、朝阳街道、中云街道、黑林镇、厉庄镇、塔山镇、班庄镇、双店镇、李埝乡	382.7

根据 2014 年连云港土地利用和人口分布情况，通过 ArcGIS 空间分析，划定 969 平方千米人口集聚区，主要分布于连云港海州区城区、连云区猴嘴街道、赣榆区青口镇、东海县牛山街道、灌云县伊山镇、灌南县新安镇，以及侍庄乡与东王集乡交界处。

根据连云港市中心、赣榆区、灌南县关于高污染燃料禁燃区的通告，划定海州区、赣榆区及灌南县部分地区为禁燃区，面积共 104 平方千米。

根据 2014 年连云港环境统计企业数据，筛选化工企业作为环境风险源。结合连云港工业园区布局，并比较工业园区内外产值、资源能源消耗、污染排放等指标，将工业园区作为单独环境控制单元进行环境风险防控（见表 8-5）。另外，连云港各港区也是环境风险的源区。

表 8-5 连云港工业园区与化工企业分布

所在区县	工业园区名称
海州区	海州经济开发区、新浦经济开发区、新浦经济开发区（拓展区）
连云区	连云港经济技术开发区、徐圩新区、板桥工业园
赣榆区	赣榆经济开发区、赣榆海洋经济开发区、赣榆海州湾生物科技园、赣榆柘汪临港产业区
灌云县	灌云经济开发区、灌云临港产业区
东海县	东海经济开发区（东区）、东海经济开发区（西区）
灌南县	灌南经济开发区、灌南经济开发区（B区）、灌南特种船舶产业园、连云港化学产业园

2．环境管控单元划定

将生态保护红线、环境重点管控区进行空间叠加，进一步聚类分析得到环境管控单元。为了更有效地进行管理，综合考虑行政区划，并根据区域主要生态功能、资源环境矛盾等进行分类、归并，提出连云港环境管控单元划分方案。

连云港共划定了 284 个环境管控单元①，包括乡镇级单位、工业集聚区、港区等，分属于 22 类（见表 8-6）。东海县西部、赣榆区西北部集中了以水源涵养和生态保护为主的环境管控单元；连云区和海州区作为人口集聚区、自然保护区、大气源头布局敏感区与大气污染物聚集敏感区域，是综合型环境管控单元；其余环境管控单元，如水环境综合治理区等主要分布在灌云县和灌南县。

表 8-6 连云港市环境管控单元统计

类 别	个 数	类 别	个 数	类 别	个 数	类 别	个 数	类 别	个 数
禁止开发区	12	湿地	14	海洋保护区	5	大气环境质量红线区	3	工业集聚区	14
饮用水水源保护区	31	清水通道维护区	44	重要渔业水域	3	环境综合治理区	7	一般管控区	32
风景名胜区	15	洪水调蓄区	34	水环境生活源重点治理区	3	禁燃区	3		
森林公园	1	水源涵养区	14	水环境生活农业源重点治理区	25	人居安全保障区	13		
生态公益林	3	海岛保护区	2	水环境综合治理区	2	港区	4		

二、生态环境准入清单编制

依照国家和地方相关法律法规、标准等，遵照相关规划，结合在环

---

① 相关图件见《市政府办公室关于印发连云港市基于空间控制单元的环境准入制度及负面清单管理办法（试行）的通知》（连政办发〔2018〕9 号）。

境影响预测中环境准入条件的设定等，从维护生态系统功能和环境目标要求出发，确定各环境管控单元的生态环境准入清单。

在禁止开发区内，禁止一切形式的建设活动。在风景名胜区、森林公园、湿地、饮用水水源保护区、生态公益林、水源涵养区、洪水调蓄区、清水通道维护区内实施有限准入的资源开发利用活动，严格限制区内有损主导生态功能的建设活动。

建设项目选址应符合产业发展规划、城市总体规划、土地利用总体规划、环境保护规划、主体功能区规划等要求。新建工业项目应进入工业集聚区。工业项目不得采用国家、省级和地市淘汰的或禁止使用的工艺、技术和设备，不得建设生产工艺技术或污染防治技术不成熟的项目；限制列入《环境保护综合名录》（2015 年版）的高污染、高环境风险产品的生产；企业排放污染物必须达到国家和地方规定的污染物排放标准，新建企业生产技术和工艺、水耗能耗物耗、产排污情况及环境管理等方面应达到国内先进水平（有清洁生产标准的不得低于国内清洁生产先进水平，有国家效率指南的执行国家先进/标杆水平），扩建、改建的工业项目清洁生产水平不得低于国家清洁生产先进水平。

连云港各类环境管控单元重点管控要求如表 8-7 所示，环境管控单元生态环境准入清单如表 8-8 所示。

表 8-7　连云港各类环境管控单元重点管控要求

名　　称	包含区域	重点管控要求
禁止开发区	陆域生态保护红线一级管控区	禁止一切人为开发活动
风景名胜区	禁止开发区范围以外的风景名胜区	依照《风景名胜区条例》
森林公园	森林公园	依照《森林公园管理办法》

名　　称	包含区域	重点管控要求
湿地	禁止开发区范围以外的重要湿地	依照《湿地保护管理规定》
饮用水水源保护区	禁止开发区范围以外的饮用水水源二级保护和准保护区	依照《饮用水水源保护区污染防治管理规定》
生态公益林	禁止开发区范围以外的生态公益林	依照《生态公益林管理办法》
水源涵养区	禁止开发区范围以外的水源涵养区	禁止新建有损水源涵养功能和污染水体的项目；未经许可，不得进行露天采矿、筑坟、建墓地、开垦、采石、挖砂和取土活动
洪水调蓄区	洪水调蓄区	禁止建设妨碍行洪的建筑物、构筑物，禁止倾倒垃圾、渣土，禁止从事影响河势稳定、危害河岸堤防安全和其他妨碍河道行洪的活动
清水通道维护区	清水通道维护区	未经许可禁止下列活动：排放污水，倾倒工业废渣、垃圾、粪便及其他废弃物；从事网箱、网围渔业养殖；使用不符合国家规定防污条件的运载工具；新（扩）建可能污染水环境的设施和项目
重要渔业水域	海州湾重要渔业水域、海州湾海洋牧场、前三道增养殖区	依照《渔业管理条例》
海洋保护区	海州湾国家级海洋公园	依照《海洋特别保护区管理办法》
海岛保护区	羊山岛地质遗迹保护区、开山岛海蚀地貌保护区	依照相关保护区要求
工业集聚区	13个重点工业集聚区	依照产业定位发展准入相关产业，并加强工业污染控制和环境保护基础设施建设
港区	港区	依照港口功能定位发展相关产业，加强港区污染控制

名　　称	包含区域	重点管控要求
禁燃区	已划定的禁燃区	禁止新建燃用煤、重油等高污染燃料的工业项目，对现有 7 兆瓦以下锅炉淘汰或用清洁能源替代，对 7 兆瓦以上锅炉提标改造
水环境生活源重点治理区	以生活源为主导的水环境超标流域	重点提高城镇污水收集处理率和污水出水标准
水环境生活农业源重点治理区	以生活源和农业源为主导的水环境超标流域	重点提高城镇污水收集处理率和污水出水标准；加强畜禽养殖污染控制，推广畜禽养殖零排放技术
水环境综合治理区	生活源、农业源、工业源兼有的水环境超标流域	提高工业污染控制水平，提高污水收集处理率和污水出水标准；加强畜禽养殖污染控制，推广畜禽养殖零排放技术
大气环境质量红线区	大气源头布局敏感区和大气污染物聚集敏感区	禁止新（扩）建对大气污染严重的火电、冶炼、水泥项目及燃煤锅炉；依照《关于全省开展两减六治三提升环保专项行动方案》，加快小锅炉淘汰和锅炉提标改造
环境综合治理区	兼有大气源头布局敏感区、大气污染物聚集敏感区和水环境超标特征的区域	禁止新（扩）建对大气污染严重的火电、冶炼、水泥项目及燃煤锅炉；依照《关于全省开展两减六治三提升环保专项行动方案》，加快小锅炉淘汰和锅炉提标改造；提高城镇污水收集处理率和污水出水标准；加强畜禽养殖污染控制，推广畜禽养殖零排放技术
人居安全保障区	人口集聚区	禁止新（扩）建存在重大环境风险隐患的工业项目；重点排查并对存在环境安全隐患的工业项目进行整改
一般管控区	陆域其他区域	各项污染控制和环境保护设施建设达到基本要求

表8-8　连云港环境管控单元生态环境准入清单（部分）

行政区	环境管控单元	环境管控要求	
		2020年	2030年
海州经济开发区	工业集聚区	执行集中供热，淘汰7兆瓦及以下燃煤锅炉，依照《关于全省开展两减六治三提升环保专项行动方案》，加快小锅炉淘汰和锅炉提标改造； 对装备涂装行业开展水性涂料替代和涂装废气治理，VOCs减排30%以上	强化对装备涂装行业开展水性涂料替代和涂装废气治理工作，VOCs减排50%以上
锦屏镇	蔷薇河（海州水厂）饮用水水源保护区、蔷薇湖饮用水水源保护区	禁止下列活动：新（扩）建排放含持久性有机污染物及含汞、镉、铅、砷、硫、铬、氰化物等污染物的建设项目；新（扩）建化学制浆造纸、制革、电镀、印制线路板、印染、染料、炼油、炼焦、农药、石棉、水泥、玻璃、冶炼等建设项目；排放江苏省人民政府公布的《有机毒物控制名录》中确定的污染物；建设高尔夫球场、废物回收（加工）场和有毒有害物品仓库、堆栈，或者设置煤场、灰场、垃圾填埋场；新（扩）建对水体污染严重的其他建设项目，或者从事法律法规禁止的其他活动；设置排污口；从事危险化学品装卸作业，或者煤炭、矿砂、水泥等散货装卸作业；设置水上餐饮、娱乐设施（场所），从事船舶、机动车等修造、拆解作业，或者在水域内采砂、取土；围垦河道和滩地，从事围网、网箱养殖，或者设置集中式畜禽饲养场、屠宰场；新建、改（扩）建排放污染物的其他建设项目，或者从事法律法规禁止的其他活动	
	云台山风景名胜区	禁止开山、采石、开矿、开荒、修坟立碑等破坏景观、植被和地形地貌的活动；禁止修建储存爆炸性、易燃性、放射性、毒害性、腐蚀性物品的设施；禁止在景物或者设施上刻画、涂污；禁止乱扔垃圾；不得建设破坏景观、污染环境、妨碍游览的设施；在珍贵景物周围和重要景点上，除必要的保护设施外，不得增建其他工程设施	
	古泊善后河（市区段）清水通道维护区、通榆河（市区段）清水通道维护区	未经许可禁止下列活动：排放污水，倾倒工业废渣、垃圾、粪便及其他废弃物；从事网箱、网围渔业养殖；使用不符合国家规定防污条件的运载工具；新（扩）建可能污染水环境的设施和项目	

续表

行 政 区	环境管控单元	环境管控要求	
		2020 年	2030 年
锦屏镇	环境综合治理区	污水处理厂出水水质一级 B，争取达到一级 A，污水处理率高于 75%，污水处理厂出水水质达标率争取达到 85%；淘汰 7 兆瓦及以下的燃煤锅炉，依照《关于全省开展两减六治三提升环保专项行动方案》，加快小锅炉淘汰和锅炉提标改造；禁止新（扩）建对大气污染严重的火电、冶炼、水泥项目及燃煤锅炉	污水处理厂出水水质一级 A，污水处理率高于 85%，污水处理厂出水水质达标率争取达到 85%以上；农村生活污水 70%进行生态处理，污水处理厂出水水质达到二级标准；控制畜禽养殖规模，加强畜禽养殖污染处理，推广畜禽养殖零排放技术；禁止新（扩）建对大气污染严重的火电、冶炼、水泥项目及燃煤锅炉

第九章
发展调控策略

以落实国家和区域发展战略、生态环境质量改善为目标，以生态环境影响预测为依据，以落实"三线一单"环境管控为指导，提出经济社会发展战略调控、生态环境保护及体制机制建设等对策建议，促进经济社会与生态环境协同可持续发展，推进生态文明建设。

第一节　经济社会发展战略调控

基于环境影响评价和"三线一单"环境管控，提出经济社会发展在规模、布局、结构等方面的战略对策。

一、港产城空间布局优化和产业结构调整建议

优化港产城空间布局，并对其进行升级转型，构建"一体两翼三

辅"的空间发展格局，有序推动港产城协调发展。"一体"为海州区、连云区、赣榆城区，集行政、科教、商贸、旅游等综合服务功能，以及都市经济、集装箱运输等功能于一体；"两翼"包括以海洋经济开发区、海州湾生物科技园区、柘汪临港产业区为主的"北翼"及以徐圩新区、板桥园区为主的"南翼"；"三辅"包括东海县、灌云县和灌南县。近期以技术升级为主，以结构和布局调整为辅，优化钢铁、化工、电力、石化等产业，降低传统重化工产业比重，大力培育医药和服务业；控制主港区规模扩张，推动徐圩新区、赣榆城区建设，推进港口一体化管理。远期以结构和布局调整为主，逐渐引导"退港还城"，强化医药健康、装备制造、节能环保产业，限制钢铁、基础化工、火电、建材等产业，逐渐摆脱传统重化工发展路径。

二、重点工业集聚区发展建议

重点工业集聚区发展整体思路为：构建以沿海重化工业、内陆都市型工业为主的产业格局，一园一策，提升生态环境保护基础设施建设水平。钢铁产业重点布局在赣榆临港产业区，石化产业重点布局在徐圩新区，化工产业布局在赣榆临港产业区、海州湾生物科技园、徐圩新区、灌云临港产业区、灌南临港产业区。严格控制非主导产业进入相应园区，搬迁城区、生态红线区内污染企业，提高工业集约化水平。

各工业园区具体发展建议如下。

新浦经济开发区和海州经济开发区以高端制造业为核心，重点发展大型装备、精密仪器和电子信息设备加工等产业，与连云港经济技术开发区协同打造中心城区高端制造板块，并依托周边区域适度配套物流、研发、商住等功能。

连云港高新技术产业开发区围绕建成国内一流创新型特色园区的总体目标,按照"大平台、大孵化、大协作"三大发展策略,构建以智能制造、新一代信息技术、大健康为特色主导,以科技服务业为重要支撑的"3+1"新兴产业形态,建成国家级创新型特色园区。

连云港经济技术开发区构建以高端装备制造业、新医药产业、先进材料业等战略性新兴产业为主导的生态工业体系。新医药产业重点发展国家鼓励性产品,积极推动医疗器械及药品包装等研发加工,实现健康医药产、学、研一体化,提升行业综合竞争力。高端装备制造业突破装备制造核心技术,进行品牌化建设,推动装备制造产业高端化,并重点以大型装备制造、精密模具、电子产品、汽车装备制造等为主,打造连云港经济技术开发区为千亿装备集聚区。

徐圩新区(含板桥工业园)发展规划如下:临港石化基地承接长三角及江苏省产业转移,重点发展炼化一体化及下游配套产业,构建循环石化化工循环产业经济链;装备制造产业片区利用徐州先进装备制造产业优势,规划建设"装备制造研发中心",用高新技术改造传统装备制造产业,形成以能源装备、汽车船舶零部件及基础配件装备等为主体的集群园区;南部板桥整合片区发展油化、盐化、精细化工产业,重点发展先进制造业、仓储物流、加工物流、生产性服务业等。

赣榆经济开发区重点发展金属材料深加工、装备制造、绿色食品加工及生物医药等行业。

赣榆海洋经济开发区和赣榆海州湾生物科技园整合发展,重点做强海洋蓝色经济,加强产、学、研功能,打造海洋生物医药、海产品加工等行业。赣榆海洋经济开发区重点发展智能制造、电子元器件、海洋食品加工及电子机械加工等行业;赣榆海州湾生物科技园重点发展生物化工及下游产业链、机械制造和新型材料等行业。另外，调整园区布局，赣榆海州湾生物科技园向南部赣榆海洋经济开发区转移，依托海州湾旅游度假区、国家中心渔港海头港等优势，重点发展休闲旅游产业，逐步完善商住配套服务，打造海头滨海旅游小镇。

赣榆柘汪临港产业区重点发展钢铁、装备制造等产业，根据环境容量控制要求，优化精细化工、石化等产业发展。

东海经济开发区重点发展硅材料深加工、现代农业食品、汽车配件加工等产业，加强与其他行业的衔接，构建高端材料产业集群。

灌云经济开发区重点发展装备制造、农副食品加工、服装纺织业等产业，打造装备制造品牌，重点发展农业机械及电子产品加工产业。经济开发区南部适当发展商住配套功能，同时完善生产性服务功能，推动产城融合发展。另外，将市政设施服务统一纳入主城区范畴，执行一体化管理。

灌云临港产业区以精细化工、医药产业、装备制造为主，并加强与徐圩新区的关联，配套发展石化下游产业，重点发展国家鼓励性化工产品；根据连云港医药发展需求，控制低端药仿制规模；依托灌河内河航运优势，发展连云港北翼海河联运服务中心。

灌南经济开发区依托发展基础和交通优势，以金属加工、机械制造、纺织服装、食品加工为重点，加快推进产业转型升级，积极发展现代物流、科技服务等生产性服务业。

灌南临港产业区引导产业区生态化发展，近期以化工产能控制、工艺改造、环保升级为主，重点发展产业政策鼓励性产品，完善和延伸产业链，建设高标准生态化工园区。

第二节 生态环境保护策略

基于生态环境质量现状、环境保护目标及"三线一单"环境管控要求,提出生态系统保护与生态恢复策略、大气环境保护与污染防治策略、水系统保护与污染防治策略,以及土壤环境保护与污染风险防控策略,明确生态环境保护的重点领域、重点区域和重点任务。

一、生态系统保护与生态恢复策略

生态系统保护与生态恢复策略主要包括如下方面。

(1)构建区域绿色生态安全体系。遵照生态文明理念,以区域"山水林田海一体化"为原则,统筹市域生态资源,构建"一核一带多廊多点"区域绿色生态安全体系。重点加强云台山区林地保护与修复,禁止在禁采范围内开采矿山,恢复已破坏的山体植被,推进造林及森林抚育改造工程;推进临洪口、灌河口、埒子口等沿海湿地带保护和恢复工作,恢复湿地自然群落和生态功能;以山体、河流廊道、交通廊道和组团间绿化隔离等为重点,建设多条生态廊道,包括建设临洪口及周边大型开敞空间、建设西北山林生态屏障带及建设主城区与赣榆城区、徐圩片区间的大型生态廊道等;以大型湖泊湿地、重要林地、森林公园等生态绿心和河口湿地为重点,建设重要生态节点。

(2)加强生态岸线保护与修复。重点保护龙王河口、临洪口、埒子口、灌河口、连岛、羊山岛等生态岸线，逐步恢复兴庄河口至沙汪河、赣榆城区、青口盐场、临洪口至西大堤、排淡河及烧香河口等岸线的生态功能。

（3）实施海洋生态恢复。通过海滨湿地修复、增殖放流和投放人工鱼礁等多种手段，针对临洪口、灌河口（新沂河口）等重要河口实施生态修复与综合整治；针对海州湾渔场、徐圩港、赣榆港等近岸海域建设多功能人工鱼礁群对主要经济生物资源种群的恢复与增殖。

二、大气环境保护与污染防治策略

大气环境保护与污染防治策略如下。

（1）开展重点行业污染减排，强化钢铁行业与工业锅炉污染治理。加强灌南县、灌云县、赣榆地区钢铁企业治理，重点钢铁企业需要完成脱硝试点及高效除尘改造，使 2020 年、2030 年污染排放分别达到国内、国际先进水平。在 2017 年年底前完成新海电厂超低排放改造，其余电厂按要求淘汰或改造（热电联产机组除外）。按照江苏省要求开展工业锅炉治理，加快小锅炉淘汰和锅炉提标改造工作。

（2）全面开展化工园区有机废气整治。开展化工行业落后产能淘汰与企业技术升级，在 2017 年年底前完成灌云经济开发区、灌南经济开发区、赣榆经济开发区、赣榆海州湾生物科技园等重点化工园区（集中区）和重点企业废气排放源的整治工作。

（3）加大轨道交通和绿色交通建设，控制重型柴油车排放。控制机动车总量，加快机动车污染治理，到 2020 年全部供应国Ⅴ柴油，加快黄标车淘汰进程；到 2020 年完成连云港市区电动公交车替代；另外，提倡港口岸电。

（4）开展面源污染综合控制。开展扬尘污染防治，包括提高道路机扫率、对建筑施工进行围挡、开展渣土车冲洗清扫等；开展餐饮油烟整治，安装餐饮油烟处理与在线监控设施。到 2020 年全面完成包括社会加油站、储油库、油罐车等油气高效回收工作。

（5）构建低碳能源体系。严格控制煤炭总量，统筹连云港电（热）厂建设；控制散煤燃烧，划定中心城区和县城禁燃区，提倡农村生活以电或燃气代煤；加快灌云县、灌南县大型风电发展，推动东海县、赣榆区太阳能、生物质能发电发展；提高连云港天然气合同额，实现城镇生活气化率 100%；严格能源利用准入，新建工业项目力争达到或超过国家先进水平。

三、水系统保护与污染防治策略

水系统保护与污染防治策略如下。

（1）控制水资源利用总量，全面建设节水型社会。严格按照水利部门用水红线要求，开展水资源总量控制和地下水压采。加快农业节水，推进赣榆区石梁河灌区、东海县沭南灌区、沭新渠灌区等节水改造；强化工业节水，推进石化、食品等重点产业节水；促进生活节水，加快城市供水管网改造，特别是市区老旧管网更新，减少漏失率，积极开展节水器具和节水产品的推广和普及工作；推进再生水、雨水、海水等非常规水资源的开发利用。

（2）推进重点区域和流域水环境综合整治。提高城镇环境保护基础设施建设和运营水平，推进污水处理厂及配套管网建设，实现建制镇生活污水处理设施全覆盖；大浦临洪、排淡河、烧香河等 12 个小流域不同程度地开展污水处理厂提标改造工作。搬迁禁养区集约化畜禽养殖项目，控制大浦临洪等 8 个超标流域集约化畜禽养殖规模，推进生态化养殖。重点整治排淡河、东盐河、玉带河、西盐河、龙尾河等黑臭河道；推进龙尾河片区海绵城市示范区建设；实施蔷薇河、通榆河清水通道建设；实施蔷薇河（或通榆河）与烧香河、新沭河与排淡河连通工程，维持河流湖泊基本生态用水。

四、土壤环境保护与污染风险防控策略

土壤环境保护与污染风险防控主要策略为：推进土壤污染治理与修复，加强土壤污染风险防控。以影响农产品质量和人居环境安全的突出土壤污染问题为重点，编制土壤污染治理与修复规划，建立土壤污染治理与修复项目库。农用地土壤修复以重度污染耕地、蔬菜基地、设施农业及矿区周边污染农用地为重点，开展植物修复技术和微生物修复技术示范。建设用地重点针对拟开发利用和风险较大的化工制药、石油加工、金属冶炼等污染地块，采取物理、化学、生物等工程技术和管理措施，消除被污染场地环境隐患，降低土壤污染造成的健康和生态风险。降低农药和化肥施用量，积极推广测土配方施肥技术；严格控制污水灌溉和污泥农用；加强畜禽粪便综合利用。加强工业废物处理处置，开展污水、污泥、废气、废渣协同治理试点。促进垃圾减量化、资源化、无害化，开展利用建筑垃圾生产建材产品等资源化利用示范。

第三节　体制机制建设与实施保障

以保障战略环评成果落地为目标，以推进"三线一单"管控落地为核心，围绕生态资源红线管控制度、基于环境质量的污染物排放动态管理制度、基于环境管控单元的生态环境准入清单制度、环评联动体系、生态环境质量监测网络建设、区域协调与联防联控、"三线一单"综合管理平台等方面，提出体制机制建设建议和保障措施。

一、完善生态资源红线管控制度

建立生态保护红线和生态空间的监察、管理和考核制度。综合运用遥感技术、地理信息系统及各种类型的生态监测网络，对生态空间尤其是生态保护红线的用地性质、生态功能和人类干扰活动等进行动态监测。探索将一般生态空间和生态保护红线管理纳入政府绩效考核体系。

加强水资源、能源、土地资源等资源管控红线制度，强化资源能源总量与强度双管控。

二、探索基于环境质量的污染物排放动态管理制度

以主体功能区划、生态环境功能区划为指导，以国家和江苏省相关

规划为依据，以区域（县、区）和流域（小流域）为基本单元，科学、合理、依法、依规确定分区域年度环境质量管控目标。建立覆盖所有污染源类别的全口径污染物排放清单，并研究排放量与环境质量的响应关系，测算基于环境质量目标的主要污染物允许排放量，以预留一定的安全余量，合理确定主要污染物允许排放量控制指标。实施建设项目新增排污与区域环境质量目标挂钩控制管理制度。跨行政区污染问题，由上级政府协调并统筹确定区域污染削减计划。

推进环境监测体系建设，推行刷卡排污政策，建立差别化环境保护信贷和排污收费制度。探索建立一体化的总量管理、环评准入、排污许可管理模式。

三、探索建立基于环境管控单元的生态环境准入清单制度

在《连云港市主体功能区实施规划》基础上，将连云港划分为 22 类 284 个环境管控单元，对各乡镇、街道和重点工业集聚区提出精细化环境管理要求。

依据环境管控单元，执行分级、分类管控。实施严格的流域准入控制；严控大气污染项目，落实禁燃区要求。人居安全保障区禁止新（扩）建存在重大环境安全隐患的工业项目。严格管控钢铁、石化、化工、火电等重点产业布局。

建立健全生态环境准入清单制度考核机制，把环境准入要求的执行情况作为环境保护考核的重要内容，纳入各级领导干部实绩考核；建立责任追究制度。

四、完善环评联动体系

战略环评重点协调区域与跨区域发展环境问题，划定红线，为"多规合一"和规划环评提供基础。规划环评重点优化产业的布局、规模、结构，拟定生态环境准入清单，指导项目环境准入。项目环评重在落实环境质量目标管理，优化环境保护措施，强化环境风险防控，做好与排污许可的衔接。园区规划环评需要满足区域/流域总量控制要求，项目环评需要满足区域/行业总量控制要求与准入要求。

连云港重点工业集聚区、重点行业及重点流域环评简政放权要点如表 9-1 所示。

表 9-1　连云港重点工业集聚区、重点行业及重点流域环评简政放权要点

	战略环评	规划环评	项目环评
连云港经济技术开发区	优先发展新医药、装备制造业、战略新兴产业；化工高污染产业关停搬迁；整治医药有机废气污染	重点关注医药 VOCs 评价，关注化工产业搬迁改造	优先产业类项目，如果园区规划环评通过，则项目环评流程可简化，化工类项目原则上不受理
徐圩片区（含板桥工业园）	优先发展石化上、下游产业链群，以及装备制造业、精细化工产业；资源环境效率、能源利用效率达国内先进/标杆水平；石化基地禁止新建商住新城；板桥工业园发展油化盐化上、下游产业、装备制造业和仓储物流业	关注用地性质及布局；重点评价石化及下游产业准入要求和环境准入负面清单；关注环境风险防控和应急机制建设	不受理住宅和教育等项目；满足准入要求和资源环境效率的项目可简化项目环评流程

	战略环评	规划环评	项目环评
灌云临港产业片区	优先发展石化配套产业、医药及海洋工程装备制造业；严禁钢铁、建材产业，加强有机废气污染整治	重点关注化工 VOCs 评价	新建、扩建的钢铁、建材类项目，原则上不受理
灌南临港产业片区	优先发展精细化工产业；开展有机废气污染整治，淘汰落后产能	重点关注化工 VOCs 评价	在园区 VOCs 减排达标后，非 VOCs 排放类项目环评流程可简化
化工行业	化工仅布局在赣榆柘汪临港产业区、赣榆海州湾生物科技园、徐圩新区、灌云临港产业区、灌南临港产业区	重点关注化工产业布局及化工类园区准入要求	进入化工产业园区的项目，如果园区规划环评通过，则项目环评流程可简化；否则，原则上不受理
水质不达标小流域	大浦临洪、排淡河、蔷薇河、青口河、烧香河、兴庄河、朱稽河等流域，允许排放量低于现状排放量	涉及该流域规划环评，重点加强水环境评价及水污染物排放总量测算	严格管理水污染类项目环评

■ 五、完善生态环境质量监测网络建设

建设涵盖大气、水、土壤、噪声、辐射等要素的、布局合理的、功能完善的生态环境质量监测网络。重点针对集中式饮用水水源地、重点流域市控断面、新沂河等跨界断面地表水、地下水超采区、省市边界及市县空气、工业园区空气开展监测。加强国控、省控重点排放单位，以及日排水量 100 吨以上的企业、14 兆瓦以上锅炉的在线监测，与江苏省总控中心联网监控。组织开展面源、移动源等监测与统计工作。实现对重要生态功能区、自然保护区、重点园区周边（石化基地周边）等的生

态环境质量监测，重点针对近岸海域、云台山自然保护区等重点生态区域开展监测。

完善生态环境质量监测预警机制，加强风险管控。针对大气、饮用水、地下水、海洋、核辐射等重点风险源建立档案，制定风险防范与应急机制。

六、开展区域协调与联防联控

推进流域协同治理。加强流域内水环境功能区划协调，共同确定跨界水质控制断面和标准，开展联合监测、联合执法、应急联动、信息共享。推动石梁河水库等跨省界，以及新沂河、蔷薇河、灌河等跨市界河流、湖泊、水库水污染防治工作。加强通榆河流域统一规划和分级保护，统筹淮河流域重点排放源治理。

完善区域大气污染控制联动机制。以区域大气环境质量整体达标为目标，推动与山东等地区的大气污染联防联控机制，实施联合执法、信息共享、应急联动等措施，推动与污染输送源区开展排污权交易试点。与日照、盐城等邻近地市建立重大项目环境影响评价会商机制，重点针对火电、石化、钢铁、水泥、有色、化工产业及相关国家级产业园区等对区域大气环境有重大影响的项目开展环评会商。

建立省级海陆统筹机制。从江苏省层面，建立海陆统筹的污染防治机制和重点海域污染物入海总量控制制度。以海定陆，削减灌河口、临洪口的入海无机氮总量。针对入海河流与近海水质要求存在的差异，加强生态环境部相关部门与海洋局、渔业渔政管理局等部门沟通协调，统筹处理地表水环境功能区划和海洋功能区划的衔接。

七、建设"三线一单"综合管理平台

构建生态环境大数据综合管理平台，融合统计分析、质量校核、预测预警、公众参与等主要功能，推进战略环评成果落地，提高生态环境科学决策和管理水平。构建生态环境大数据中心，对全区域的生态环境、污染源、风险源、放射源等环境业务数据进行梳理、整合，基于全要素数据进行全方位的实时监测和综合统计分析。围绕环境质量考核要求，用"三线一单"实现建设项目智能审批，并对建设项目进行绿色发展水平评估和总量动态分配，保障连云港绿色发展、可持续发展。利用大数据支撑生态环境数据质量校核、环境形势综合研判、环境政策措施制定、环境风险预测预警、重点工作会商评估等，提高决策的预见性、针对性和时效性。结合环境保护管理体制改革需要，为不同用户提供定制的信息和功能，推动多方公众参与和信息公开。

第十章 战略环境评价与"三线一单"综合管理平台

系统梳理"三线一单"成果数据、生态环境监测数据、经济社会系统数据等，采用环境保护物联网、大数据、云计算等信息化技术，将"三线一单"各项管控要求与环境保护日常管理工作紧密结合，建设"三线一单"综合管理平台，实现战略环评与"三线一单"成果落地应用和业务化运行。

"三线一单"综合管理平台主要包括数据管理与综合展示、智能分析与应用服务（见图 10-1）。

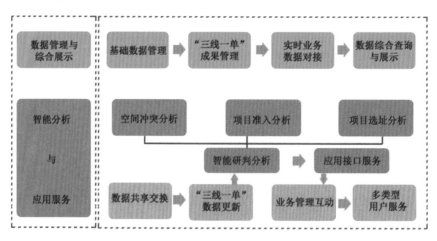

图 10-1　"三线一单"综合管理平台框架

第一节　数据管理与综合展示

一、基础数据管理

基于工作底图，对各类数据建立相应的基础数据资源目录，纳入数据库进行存储和管理，充分考虑各项数据的安全防护和权限管理措施，形成生态环境大数据中心（见图10-2）。

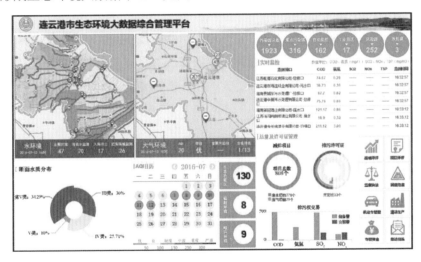

图 10-2　生态环境大数据中心

1. 数据收集

集成各级行政区划及水系、地貌、植被种类、土壤污染防治等数据，以及居民点及其设施、交通规划、管线分布、土地利用率、数字正射影像等数据资料。

集成生态环境数据、水环境数据、大气环境数据、噪声环境数据、辐射环境数据、固体废物数据、机动车尾气数据、污染源数据、工业园区数据、风险源数据、放射源数据、总量减排数据、排污许可数据、排污权交易数据、建设项目环评审批数据、监察执法数据、信访投诉数据等。

2. 环境空间数据整理

按照环境空间数据制作的数据分类、属性数据描述方法、数据组织、存储格式、数据分层、符号规范、基础配色方案、数据采集更新规则、数据质量控制规则等内容进行环境空间数据的加工整理。

3. 环境数据处理

按照环境数据处理要求，选取数据处理工具（如 Excel、Access）、环境数据处理方法（如数据查找、数据筛选、数据排序、分类汇总等），对环境数据源进行加工，形成环境数据集实体数据文件。

二、"三线一单"成果管理

系统梳理"三线一单"成果数据，包括文本、图集、研究报告等，建立相应的"三线一单"成果目录，将各项成果的各类数据进行标准化处理，实现"三线一单"成果的数字化存储和管理。提炼"三线一单"各类环境管控要求数据，包括水环境控制单元、生态保护红线、一般生态空间、各要素重点管控区、污染物允许排放量、资源利用量、环境管控单元、生态环境准入清单等关键管理数据，构建相应的规则库、措施库和方案库，以备数据查询、智能分析等应用，并充分考虑各类成果数据的安全防护建设和权限管理措施。

1. 数字化存储和管理

选用国内、国际通用的数据格式，如文档文件格式、数据库文件格式、通用图像文件格式等进行数据存储和管理。

2. 建立成果目录

确定环境数据库建模目标，组建建模队伍，收集原材料，制定约束和规范，通过调研业务流程、原有系统的输入输出、各种报表及原始数据，完成"三线一单"基本数据的收集，同时建立成果目录。

成果目录包括成果目录管理信息、数据信息、用户信息、用户类型信息、数据项等，以文本、图集、研究报告等方式进行收录。

3. 建立规则库、措施库和方案库

按照数据采集、数据挖掘、数据清洗、数据加工、数据分析等方法构建规则库、措施库和方案库，以备数据查询、智能分析等应用。

4. 安全防护

按照国家信息安全规范的相关要求，遵照国家等级保护的相关规定，参考国际安全标准，以风险防范为核心加强数据安全防护建设，在成果数据中如果有涉及国家保密问题的数据，应遵守国家保密相关规定进行处理。

三、实时业务数据对接

结合地方已开展的数字环保、数据中心、大数据建设等相关工作，梳理与"三线一单"成果相关的环境保护业务数据，建立相应的环境保

护业务数据资源目录，并与已有的数据源进行实时业务数据对接，实现"三线一单"基础数据的动态更新。主要的环境保护业务数据包括环境质量监测数据、污染源排放监测数据、建设项目环境评价审批数据、排污许可证数据、减排项目数据、排污权交易数据等。

1. 建立数据接口

按照在环境信息系统中关系型数据库的访问接口，确定数据库访问接口的基本架构及数据库访问接口方式、数据库访问工作流程等，建立数据接口，实现数据对接。

2. 数据动态更新

通过数据库访问接口，以访问不同的环境信息系统数据库。数据库访问者与嵌入环境信息系统数据库中的数据库访问接口进行交互，获取环境保护业务应用数据库的内容，实现"三线一单"基础数据的动态更新。

四、数据综合查询与展示

基于基础数据资源目录、"三线一单"成果目录和环境保护业务数据资源目录，系统地提供各类数据的综合查询和可视化展示功能，支持多条件、自定义组合的高效模糊查询，查询结果可以快速导出为数据文件，也可以直接在线可视化查看和操作（包括多查询结果的对比分析、叠加分析、时序分析等 GIS 分析功能）。所有数据查询和操作均需要考虑权限管理和安全保护措施。

1. 数据综合查询

按照 Oracle 模糊查询，结合系统页面查询条件查询基础数据、"三线一单"成果数据、环境保护业务数据。

2. 数据导出

选定需要导出的数据源，利用微软或第三方插件等提供的数据接口进行数据导出，导出数据应支持常用办公软件所支持的格式。

3. 数据可视化展示

按照 GIS 空间分析方法（对比分析、叠加分析、时序分析等）进行数据可视化展示。

4. 权限管理与安全保护

按照系统提供的权限管理配置各类用户相关权限，保证数据在存储、处理、传输等过程中不会被未授权用户访问。

第二节　智能分析与应用服务

一、数据共享交换

根据实际管理工作对"三线一单"数据共享的要求，建设相应的数据交换接口，对外提供基础数据和"三线一单"成果数据的信息共享服务。支持同步和异步数据交换模式、错误捕获、授权机制及审计机制，详细记录每个访问的来源、时间、共享数据范围、共享数据量等信息，提供对这些信息的查询和统计功能，提供完善的安全防护和权限管理措施。

1. 建立数据交换接口

数据交换接口是专门针对外部应用访问所做的配置。数据库访问接口与适配器相适应，实现外部应用对环境保护业务数据库内容的访问。

统一规定各业务系统的数据库访问接口，方便其他业务应用系统出于数据传输或数据集成的目的进行数据库访问。

2. 记录接口调用日志、异常信息

对数据库访问情况进行审计和监控，以监测违反访问的活动，并记录相关证据，如记录每个访问的来源、时间、共享数据范围、共享数据量等信息。

二、"三线一单"成果更新

利用最新的环境保护业务数据，对"三线一单"成果的各项管控要求进行定期更新，例如，根据环境质量状况对污染物排放总量控制指标进行调整，根据新的政策要求对生态环境准入清单进行调整，等等。更新周期建议为每年；更新方式应以系统自动化数据处理为主，以人工督导调整为辅，以利于平台长期业务化运行。

另外，集成地方的各类规划、区划、环境评价成果，将相关各项要求也纳入"三线一单"综合管理平台进行管理，以补充完善"三线一单"的管控要求。

1. 业务数据审核与更新

针对每年收集的业务数据进行数据审核，根据业务数据的相关审核要求，拟定业务数据审核方案，审核对象包括数据集实体、元数据和数据集说明文档。

根据审核方案对业务数据进行审核。环境数据集的审核可根据实际情况重复多次，直到环境数据集质量合格为止。在此过程中，审核的环境数据集应详细记录工作日志，为下一步环境数据集的更新做好准备。

2. 相关成果集成

集成地方相关规划、区划、环境评价成果，包括文字、数字、符号、图形、图像、影像和声音等各种数据信息。

三、智能研判分析

根据实际管理工作需要，基于 "三线一单" 成果的各项管控要求所构建的规则库、措施库和方案库，提供空间冲突分析、项目准入分析、项目选址分析等智能分析功能，为建设项目环评审批、环境监察执法、排污许可证发放等业务管理工作提供支持。同时，应充分考虑不同业务管理功能对智能分析的需求差异和相应的权限管理措施。

1. 数据分析

收集源数据，按照数据类型，利用相关算法或行业规范要求对数据进行加工分析，获取规范、标准的数据，并提供空间冲突分析、项目准入分析（见图 10-3）、项目选址分析等智能分析功能。

图 10-3　项目准入分析示意

2. 综合展示

采用地理信息系统软件，如 ArcGIS，以 2000 国家大地坐标系（CGCS2000）为平面基准，以 1985 国家高程基准为高程基准，以理论深度基准面为深度基准，以高斯—克吕格投影为投影方式，将各类数据图层及相关属性补充完整后经过 ArcGIS 地理信息软件分析处理，并发布为可访问的地图服务，形成工作底图图层和相应的 mapser、gpserver 等服务，以实现相关数据的展示、存储及处理。

四、应用服务接口

根据实际业务应用的信息化建设情况，建设相应的应用服务接口，对外提供各类智能分析功能服务，与建设项目环评审批、环境监察执法、排污许可证管理等业务系统实现无缝集成，提高工作效率，实现业务化运行。支持同步和异步服务交互模式、错误捕获、授权机制及审计机制，详细记录每个访问的来源、时间、涉及数据范围、涉及功能操作、用户操作反馈等信息，提供对这些信息的查询和统计功能，提供完善的安全防护措施和权限管理措施。

1. 业务系统集成

通过结构化的综合布线系统和计算机网络技术，解决子系统间的接口、协议、系统平台、应用软件等与子系统的相关集成问题，将各分离的功能和信息集成到相互关联的、统一的、协调的系统中，使资源达到充分共享，实现集中、高效、便利的管理。

2. 建立审计机制

对数据库访问情况进行审计和监控，使用分析工具进行检索查询，以监测违反访问的活动，并记录相关证据，如记录每个访问的来源、时间、涉及数据范围、涉及功能操作、用户操作反馈等信息。

五、业务管理互动

通过"三线一单"成果的应用，平台应与各项业务管理工作互联互通，形成良性互动的局面，实现数据双向更新、业务流程无缝衔接。平台重点业务包括建设项目环评审批、排污许可证审核发放、环境监察现场执法等。利用"三线一单"成果指导各项业务管理工作开展，并将实际业务管理数据融入"三线一单"基础数据体系中，实现有机融合、互相促进。

1. 数据双向更新

通过建立数据共享接口、访问外部数据等数据共享方式实现业务数据的双向更新，实现"三线一单"综合管理平台与其他业务管理平台的良性互动。

2. 业务流程无缝衔接

利用"三线一单"成果指导建设项目环评审批、排污许可证审核发放、环境监察现场执法等其他业务管理工作的开展，通过数据对接和数据共享将其他业务管理数据融入"三线一单"数据集，实现业务流程的无缝衔接。

六、多类型用户服务

"三线一单"综合管理平台应考虑为多种类型的用户提供差别化的功能服务和支持，包括但不限于环境保护管理人员、招商引资人员、企业单位、社会公众等。平台应充分考虑各类用户的不同使用需求，提供 PC 版、Pad 版、手机版等多种使用界面，多层次、高效地推广"三线一单"成果，有效推动多方公众参与和信息公开，将"三线一单"成果与社会经济生活紧密结合，进一步保障其成果落地的实效性、长效性。在提供功能服务时需要考虑完善的数据安全防护措施和权限管理措施。

1. 多类型用户服务支持内容

平台配置 PC 版、Pad 版、手机版服务，以适用于各类用户。

PC 版提供完整的系统服务，主要用户为环境保护管理人员；Pad 版、手机版主要提供便捷的浏览和查询功能，以辅助 PC 版进行相关业务操作，主要用户为企业单位和社会公众。

2. 权限与安全保障

按照 PC 版提供的权限管理配置各类用户相关权限，保证 Pad 版、手机版相关用户能够正确利用权限访问相关业务。

附件 1 地市级战略环境评价报告框架

1 总论

1.1 项目背景

1.2 评价目标

1.3 评价范围与时限

1.4 环境保护目标与评价指标

1.5 评价思路与技术路线

2 经济社会发展现状与演变趋势

2.1 工业发展现状与演变趋势

2.2 城镇化发展现状与演变趋势

3 生态环境现状特征与演变趋势

3.1 生态系统现状与历史变化趋势

3.2 环境质量现状与历史变化趋势

3.3 资源利用现状与历史变化趋势

4 发展战略与情景设计

4.1 战略定位分析

4.2 战略情景设计

5 生态系统评估与资源环境承载力分析

5.1 生态系统评价

5.2 环境容量分析

5.3 资源供给分析

6 生态环境影响预测与风险评估

6.1 生态影响预测与风险评估

6.2 资源供需预测

6.3 环境影响预测与风险评估

7 "三线一单" 环境管控

7.1 生态保护红线

7.2 环境质量底线

7.3 资源利用上线

7.4 环境管控单元

7.5 生态环境准入清单

8 发展调控对策建议

8.1 经济社会发展战略调控

8.2 生态环境保护策略

8.3 体制机制建设与保障措施

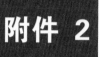

附件 2　地市级战略环境评价及"三线一单"主要图件

图件类别	主要图件
现状评价相关图件	区位分析图、评价范围图、地形地貌图、水系分布图、植被分布图、工业区和重点企业分布图、土地利用现状图、生态系统现状图、环境功能区划图、环境监测点位图、环境质量现状图等
预测与评价相关图件	生态服务功能评价图、生态敏感性/脆弱性评价图、环境质量模拟图（水、大气等）、土壤环境风险预测图、生态环境风险评价图等
管控对策相关图件	生态保护红线图、环境质量底线图、资源利用上线图、环境管控单元图、发展调控图、生态系统建设图、环境综合治理图、资源开发利用与保护图、风险防控图、环境监测建议图、区域协调图等

参考文献

[1] Batty M. Urban evolution on the desktop: simulation with the use of extended cellular automata[J]. Environment and planning A, 1998, 30(11): 1943-1967.

[2] Beck M. B. Water quality modeling: a review of the analysis of uncertainty[J]. Water Res., 1987, 23(8): 1393-1442.

[3] Dong Xinyi, Li Juan, Fu Joshua S, Gao Yang, Huang Kan, Zhuang Guoshun. Inorganic aerosols responses to emission changes in Yangtze River Delta, China[J]. Science of the Total Environment, 2014, 481: 522-532.

[4] Faehn Taran, Holmøy Erling. Trade liberalisation and effects on pollutive emissions to air and deposits of solid waste. A general equilibrium assessment for Norway[J]. Economic Modelling, 2003, 20(4): 703-727.

[5] Fu Xiao, Wang Shuxiao, Zhao Bin, Xing Jia, Cheng Zhen, Liu Huan, Hao Jiming. Emission inventory of primary pollutants and chemical speciation in 2010 for the Yangtze River Delta region, China[J]. Atmospheric Environment, 2013, 70: 39-50.

[6] Geng Fuhai, Zhang Qiang, Tie Xuexi, Huang Mengyu, Ma Xincheng, Deng Zhaoze, Yu Qiong, Quan Jiannong, Zhao Chunsheng. Aircraft measurements of O_3, NO_x, CO, VOCs, and SO_2 in the Yangtze River Delta region[J]. Atmospheric Environment, 2009, 43(3): 584-593.

[7] Huang Chuanfeng, Chen Changhong, Li Lin, Cheng Z, Wang H L, Huang H Y, Streets D G, Wang Yangjun, Zhang G F, Chen Y R. Emission inventory of anthropogenic air pollutants and VOC species in the Yangtze River Delta region, China[J]. Atmospheric Chemistry and Physics, 2011, 11(230): 4105-4120.

[8] Huang Kan, Fu Joshua S., Gao Yang, Dong Xinyi, Zhuang Guoshun, Lin Yanfen. Role of sectoral and multi-pollutant emission control strategies improving atmospheric visibility in the Yangtze River Delta, China[J]. Environmental Pollution, 2014, 184: 426-434.

[9] McKay M. D., Beckman R. J., Conover W. J. A comparison of three methods for selecting values of input variables in the analysis of output from a computer code[C]. Technometrics. 1979, 42(1), Special 40th Anniversary Issue (Feb., 2000), 55-61.

[10] Meadows Donella H., Meadows Dennis L., Randers Jørgen, Behrens III William W. The limits to growth; A report for the club of Rome's Project on the predicament of mankind[R]. New York: Universe Books, 1972.

[11] Qin Xiaosheng, Huang G. H., Zeng G. M., Chakma A., Huang Yuefei. An interval-parameter fuzzy nonlinear optimization model for stream water quality management under uncertainty[J]. European Journal of Operational Research, 2007, 180: 1331-1357.

[12] Santé I, García Andrés M., Miranda David, Crecente Rafael. Cellular automata models for the simulation of real-world urban processes: A review and analysis[J]. Landscape and Urban Planning, 2010, 96(2): 108-22.

[13] Tobler W. R. A computer movie simulating urban growth in the Detroit region[J]. Economic geography. 1970, 46(1): 234-240.

[14] Xie Jian, Saltzman Sidney. Environmental Policy Analysis: An Environmental Computable General-Equilibrium Approach for Developing Countries[J]. Journal of Policy Modeling, 2000, 22(4): 453-489.

[15] Xing Jia, Wang Shuxiao, Jang C, Zhu Y, Hao J. M. Nonlinear response of ozone to precursor emission changes in China: a modeling study using response surface methodology[J]. Atmospheric Chemistry and Physics, 2011, 11(231): 5027-5044.

[16] Xu Yan, Masui Toshihiko. Local air pollutant emission reduction and ancillary carbon benefits of SO_2 control policies: Application of AIM/CGE model to China[J]. European Journal of Operational Research, 2009, 198(1): 315-325.

[17] Zhao Yu, Wang Shuxiao, Duan Lei, Lei Yu, Cao Pengfei, Hao Jiming. Primary air pollutant emissions of coal-fired power plants in China: Current status and future prediction[J]. Atmospheric Environment, 2008, 42(36): 8442-8452.

[18] Zhao Yu, Wang Shuxiao, Nielsen Chris P, Li Xinghua, Hao Jiming. Establishment of a database of emission factors for atmospheric pollutants from Chinese coal-fired power plants[J]. Atmospheric Environment, 2010, 44(12): 1515-1523.

[19] 曹俊程. 浅谈解决跨界水污染事故的方法和对策——以连云港市为例[J]. 环境与可持续发展, 2016, (6): 162-163.

[20] 陈吉宁. 环渤海沿海地区重点产业发展战略环境评价研究[M]. 北京: 中国环境出版社, 2012.

[21] 陈妙红, 邹欣庆, 韩凯, 刘青松. 基于污染损失率的连云港水环境污染功能价值损失研究[J]. 经济地理, 2005, 25(2): 223-227.

[22] 陈学云. 连云港市重点水功能区水质现状及对策研究[J]. 资源节约与环保, 2012, (5): 223-224.

[23] 陈筑波, 刘雅露, 何明川, 刘珩, 彭欣. 交通运输业发展对城市发展的作用探究——以连云港"海铁联运"为例[J]. 区域经济与产业经济, 16-18.

[24] 丁青青, 魏伟, 沈群, 孙予罕. 长三角地区火电行业主要大气污染物排放估算[J]. 环境科学, 2015, 36(7): 2389-2394.

[25] 东阳. 滇池流域城市和农村非点源污染耦合模拟与控制策略研究[D]. 北京: 清华大学, 2016.

[26] 高光, 董雅文, 金浩波, 黄卫. 城市垃圾处理与管理对策研究[J]. 城市环境与城市生态, 2000, 13(2): 39-41.

[27] 工业和信息化部, 水利部, 国家统计局, 全国节约用水办公室. 重点工业行业用水效率指南[S]. 2013.

[28] 韩龙喜, 易路, 刘军英, 霍非, 谢俊锷. 连云港近岸海域污染物输移规律[J]. 河海大学学报（自然科学版）, 2011, 39(3): 248-253.

[29] 黄润秋. 黄润秋布置在"三线一单"试点工作启动会上的讲话[J]. 环保工作资料选, 2017(8): 4-6.

[30] 黄雁鸿, 韩朝晖. 关于新型城镇化进程中农村人口转移意愿的调研及思考——以连云港市为例[J]. 江苏城市规划, 2013, (9): 4-6.

[31] 姜峰. 江苏省农业面源污染时空特征及削减方案研究[D]. 南京: 南京农业大学, 2012.

[32] 金凤君. 五大区域重点产业发展战略环境评价研究[M]. 北京: 中国环境出版社, 2013.

[33] 李浩, 李莉, 黄成, 安静宇, 严茹莎, 黄海英, 王杨君, 卢清, 王倩, 楼晟荣, 王红丽, 周敏, 陶士康, 乔利平, 陈明华. 2013 年夏季典型光化学污染过程中长三角典型城市 O_3 来源识别[J]. 环境科学, 2015, 36(1): 1-10.

[34] 李天威. 西部大开发重点区域和行业发展战略环境评价[M]. 北京: 中国环境出版社, 2016.

[35] 李王锋, 吕春英, 汪自书, 刘毅. 地级市战略环境评价中"三线一单"理论研究与应用[J]. 环境影响评价, 2018, 40(3): 14-18.

[36] 李啸天, 吴绍华, 徐于月, 贲培琪, 赵涵. 江苏省 PM2.5 质量浓度的时空变化格局模拟[J]. 环境监测管理与技术, 2017, 29(2): 16-20.

[37] 李亚丽, 徐敏, 李鹏飞, 丁言者. 连云港近岸海域富营养化水平的季节性变化及其影响因素[J]. 南京师大学报(自然科学版), 2014, 37(3): 116-123.

[38] 李玉, 刘付程, 吴建新. 连云港西大堤海域水环境污染特征分析[J]. 海洋科学, 2014, 38(11): 84-89.

[39] 李玉, 冯志华, 李谷祺, 阎斌伦. 连云港近岸海域沉积物中重金属污染来源及生态评价[J]. 海洋与湖沼, 2010, 11(6): 829-833.

[40] 梁玲. 连云港市蔬菜有机磷农药残留现状及控制对策分析[D]. 南京:

南京农业大学, 2010.

[41] 廖启林, 华明, 金洋, 黄顺生, 朱伯万, 翁志华, 潘永敏. 江苏省土壤重金属分布特征与污染源初步研究[J]. 中国地质, 2009, 36(5): 11673-1174.

[42] 刘鹤, 金凤君, 刘毅, 丁金学, 许旭. 中国石化产业空间组织的评价与优化[J]. 地理学报, 2011, 66(10): 1332-1342.

[43] 刘鹤, 刘毅. 石化产业空间组织研究进展与展望[J]. 地理科学进展, 2011, 30(2): 157-163.

[44] 刘兴健, 葛晨东, 崔雁玲, 邹欣庆, 王晓蓉. 连云港潮滩表层沉积物中有机氯农药残留特征与风险评估[J]. 环境化学, 2012, 31(7): 966-972.

[45] 刘小丽, 任景明, 任意. 石化产业布局亟须转危为安[J]. 环境保护, 2009, 21: 65-67.

[46] 刘毅, 陈吉宁, 何炜琪. 城市总体规划环境影响评价方法[J]. 环境科学学报, 2008, 28(6): 1249-1255.

[47] 刘毅, 江涟, 陈吉宁. 国际大都市区可持续发展实践经验概述[J]. 中国人口·资源与环境, 2008, 18(1): 75-78.

[48] 刘毅, 李天威, 陈吉宁, 张林波, 王维, 佟庆远, 吕春英. 生态适宜的城市发展空间分析方法与案例研究[J]. 中国环境科学, 2007, 27(1): 34-38.

[49] 刘毅. 西南（云贵）重点区域和行业发展战略环境评价研究[M]. 北京: 中国环境出版社, 2016.

[50] 彭模, 刘寿东, 赵爱博, 杨耀中. 环境要素与连云港海域赤潮发生关系研究[J]. 海洋预报, 2015, 32(2): 51-56.

[51] 秦海波, 封其山, 张胜利, 吴价宝, 钱敏. 连云港徐圩新区发展现代钢铁物流的策略研究[J].物流科技, Logistics Sci-Tech, 2010(10): 21-25.

[52] 任建兰, 张伟, 张晓青, 程钰. 基于"尺度"的区域环境管理的几点思考——以中观尺度区域（省域）环境管理为例[J]. 地理科学, 2013, 33(6): 668-675.

[53] 尚庆伟, 张来振, 许学宏, 梁玲, 谢修庆. 连云港市耕地土壤重金属污染状况初探[J]. 农业环境与发展, 2013, 2: 71-73.

[54] 史亚琪, 朱晓东, 孙翔, 李帆, 魏婷. 区域经济—环境复合生态系统协调发展动态评价——以连云港为例[J]. 生态学报, 2010, 30(15): 4119-4128.

[55] 田慧娟, 刘吉堂, 吕海滨, 张瑞. 海洋疏浚物对连云港局部海域生态环境的影响评价[J]. 上海海洋大学学报, 2015, 24(3): 414-421.

[56] 王德维, 周云, 程建敏, 吴晓东. 连云港市"十二五"农业灌溉用水有效利用系数测算与评价[J]. 江苏水利, 2016, (8): 53-57.

[57] 王桂林, 郦息明, 陶淑芸. 连云港市典型河湖健康评价研究[J]. 江苏水利, 2017, 3: 28-33.

[58] 王志华, 温宗国, 闫芳, 陈吉宁. 北京环境库兹涅茨曲线假设的验证[J]. 中国人口·资源与环境, 2007, 17(2): 40-47.

[59] 吴良镛. 人居环境科学导论[M]. 北京: 中国建筑工业出版社, 2001.

[60] 邢佳. 大气污染排放与环境效应的非线性响应关系研究[D]. 北京: 清华大学, 2011.

[61] 杨山, 潘婧. 港城耦合发展动态模拟与调控策略——以连云港为例[J]. 地理研究, 2011, 30(6): 1021-1031.

[62] 杨雪英. 城乡一体化进程中农业转移人口市民化问题研究——以连云港市为例[J]. 淮海工学院学报, 2014, 12(6): 97-100.

[63] 尹荣尧, 杨潇, 孙翔, 朱晓东. 江苏沿海化工区环境风险分级及优先管理策略研究[J]. 中国环境科学, 2011, 31(7): 1225-1232.

[64] 余丹林, 毛汉英, 高群. 状态空间衡量区域承载状况初探——以环渤海地区为例[J]. 地理研究, 2003, 22(2): 201-210.

[65] 张建春, 彭补拙. 河岸带研究及其退化生态系统的恢复与重建[J]. 生态学报, 2003, 23(1): 56-63.

[66] 张云峰. 江苏沿海城镇化与生态环境协调发展量化分析[J]. 中国人口·资源与环境, 2011, 21(3): 113-116.

[67] 赵斐斐, 陈东景, 徐敏, 肖建红. 基于 CVM 的潮滩湿地生态补偿意愿研究——以连云港海滨新区为例[J]. 海洋环境科学, 2011, 30(6): 872-876.

[68] 郑微微, 易中懿. 江苏基于环境承载力的农业产业区域布局研究[J]. 江苏农业学报, 2016, 32(5): 1182-1188.

[69] 中共中央办公厅, 国务院办公厅. 关于划定并严守生态保护红线的若干意见[Z]. 2017, 2.

[70] 中共中央办公厅, 国务院办公厅. 生态环境损害赔偿制度改革试点方案[Z]. 2015, 12.

[71] 周玉. 连云港海洋环境容量估算及入海污染物总量分配研究[D]. 南京: 南京大学, 2012.

[72] 周振涛, 李家学, 高晓, 徐正涛. 江苏省连云港市赣榆区 2013—2015 年农村生活饮用水监测结果分析[J]. 医学动物防制, 2017, 33(9): 974-976.

[73] 朱筱婧. 连云港城市化与生态环境协调发展研究[D]. 南京: 南京大学, 2014.

[74] 曾维华, 杨月梅. 环境承载力不确定性多目标优化模型及其应用——以北京市通州区区域战略环境影响评价为例[J]. 中国环境科学, 2008, 28(5): 667-672.